第 2 版

趣学 Python
——教孩子学编程

PYTHON FOR KIDS SECOND EDITION

[美] 贾森·R.布里格斯（Jason R. Briggs）◎ 著　　李强 ◎ 译

人民邮电出版社

北　京

图书在版编目（CIP）数据

趣学Python : 教孩子学编程 : 第2版 / （美）贾森
• R.布里格斯（Jason R. Briggs）著 ；李强译. -- 北
京 : 人民邮电出版社，2023.9
ISBN 978-7-115-62015-6

Ⅰ．①趣⋯ Ⅱ．①贾⋯ ②李⋯ Ⅲ．①软件工具－程
序设计 Ⅳ．①TP311.561

中国国家版本馆CIP数据核字(2023)第110761号

版 权 声 明

Simplified Chinese-language edition copyright © 2023 by Posts and Telecom Press.

Copyright © 2023 by Jason R. Briggs. Title of English-language original: Python for Kids, the 2nd
Edition ISBN-13: 978-1-7185-0302-1, published by No Starch Press.

All rights reserved.

本书中文简体字版由美国 No Starch 出版社授权人民邮电出版社出版。未经出版者书面许可，
对本书任何部分不得以任何方式复制或抄袭。

版权所有，侵权必究。

◆ 著 ［美］贾森·R.布里格斯（Jason R. Briggs）
　　译 李 强
　　责任编辑 武晓燕
　　责任印制 王 郁 焦志炜
◆ 人民邮电出版社出版发行 北京市丰台区成寿寺路 11 号
　　邮编 100164 电子邮件 315@ptpress.com.cn
　　网址 https://www.ptpress.com.cn
　　北京捷迅佳彩印刷有限公司印刷
◆ 开本：720×960 1/16
　　印张：16 2023 年 9 月第 1 版
　　字数：287 千字 2025 年 3 月北京第 4 次印刷
　　著作权合同登记号 图字：01-2023-0213 号

定价：79.80 元

读者服务热线：(010)81055410 印装质量热线：(010)81055316
反盗版热线：(010)81055315

内容提要

  Python 是一款解释型、面向对象、动态数据类型的高级程序设计语言。Python 语法简捷而清晰，具有丰富和强大的类库，因而在各行各业中得到广泛的应用。对于初学者来讲，Python 是一款既容易学又相当有用的编程语言，国内外很多大学开设了学习课程，将 Python 作为一门编程语言学习。

  本书是一本可让读者轻松、快速掌握 Python 编程的入门读物。全书分为 3 部分，共 16 章。第一部分是第 1 章到第 10 章，介绍 Python 编程基础知识，包括 Python 的安装和配置、变量、字符串、列表、元组和字典、条件语句、循环语句函数和模块、类、内建函数和绘图，等等。第二部分是第 11 章和第 12 章，介绍如何用 Python 开发实例游戏弹球。第三部分包括第 13 章到第 16 章，介绍了火柴人实例游戏的开发过程。

  本书语言轻松，通俗易懂，讲解由浅入深，力求将读者阅读和学习的难度降低。任何对计算机编程有兴趣的人或者首次接触编程的人，不论孩子还是成人，都可以通过阅读本书来学习 Python 编程。

作者简介

Jason R. Briggs 从 8 岁起就是一名程序员了，那时他在 Radio Shack TRS-80 学习了 BASIC 语言。他作为开发人员和系统架构师编写专业的软件，同时还是《Java 开发者》（*Java Developer's Journal*）杂志的撰稿编辑。他的文章曾经上过 *JavaWorld*、*OnJava* 以及 *ONLamp*。他的电子邮箱地址是 mail@jasonrbriggs.com。

关于插图

Miran Lipovača 是 *Learn You a Haskell for Great Good!* 的作者。他喜欢拳击、弹贝斯和画画。他对于舞动的简笔画小人还有数字 71 很着迷。当他走到自动门的前面时他总是假装是他用意念打开的门。

技术审阅者简介

Daniel Zingaro 博士是多伦多大学计算机科学副教授和获奖教师。他的研究重点是理解并加强学生对计算机科学的学习。他是 *Algorithmic Thinking*（一本关于算法和数据结构的没有废话、没有数学的指南）和 *Learn to Code by Solving Problems*（《Python 编程做中学》，一本学习 Python 和计算思维的入门书）的作者。

致谢

感谢 No Starch 团队的所有努力，感谢 Miran Lipovača 为本书绘制的有趣的插图。

感谢我的妻子、女儿和儿子，感谢你们忍受作为丈夫和父亲的我将更多的时间用在了电脑上。

感觉妈妈，感谢你多年来对我无尽的鼓励。

最后，感谢我的父亲在 20 世纪 70 年代买了一台电脑，并容忍了一个和他一样想用电脑的人。没有他，这一切都不可能实现。

前　言

为什么要学习计算机编程

编程可以培养创造力、推理能力和解决问题的能力。程序员有机会从无到有地创造一些新事物，使用逻辑将程序设计结构转变为计算机可以运行的形式，并且当事情没有像预期的那样工作得很好时，你需要使用解决问题的思路来搞清楚哪里出了问题。编程是一项既有趣，有时又具有挑战性（偶尔也会令人沮丧）的活动。即使你的职业与计算机无关，但从编程中学到的技能，在学校和工作中都是很有用的。而且，当室外天气沉闷的时候，编程是打发无聊午后时光的好方式。

为什么使用 Python

Python 是一门易于学习的编程语言，对于初级程序员而言，它具有一些非常有用的功能。与其他编程语言相比，Python 的代码非常容易阅读，并且它有一个交互式 Shell，你可以在其中输入程序并查看它们的运行。

除了简单的语言结构和便于尝试的交互式 Shell，Python 还有一些模块对于辅助学习过程很有效，还允许组合简单的动画来创建你自己的游戏。Python 有一个 turtle 模块，其灵感来自于 Turtle 图形程序（早在 20 世纪 60 年代，Logo 编程语言就使用了它），用于教育目的。Python 还包含 tkinter 模块，这是 Tk 图形用户界面（GUI）工具包的一个接口，它提供了一种简单的方法来创建更高级的图形和动画功能的程序。

如何学习编程

就像小孩子学走路一样，最好从基础开始，所以请从第 1 章开始学习，而不要直接跳到后面的章节。没有人在第一次拿起乐器时就能演奏交响乐。学习飞行的人在掌握基本操作之前，也不会开始驾驶飞机。体操运动员（通常）也不能刚开始就能做后空翻。如果你跳跃得太快，不仅记不住基本的概念，而且你还会发现后面几章的内容实际上复杂得多。

当你阅读本书时，请尝试所有示例，从而了解它们是如何工作的。大多数章节还会包含供你尝试的编程小测验，这将有助于提高你的编程技能。记住，你对基础知识理解得越好，就越容易理解后面更复杂的概念。当你发现一些令人沮丧或太具挑战性的事情时，以下是一些我认为有帮助的方法。

1. 把问题分解成更小的部分。尝试理解一小段代码在做什么，或者只考虑比较难的概念的一小部分（专注于一小段代码，而不是试图一次性地理解整段代码）。

2. 如果这还不起作用，最好还是先别管它。好好睡一觉，改天再来看看。这是解决许多问题的好方法，对计算机程序员而言，尤其有帮助。

本书适合哪些人

这本书适合对计算机编程感兴趣的任何人，无论是儿童还是第一次接触编程的成年人。如果你想学习如何编写自己的软件，而不是仅仅使用他人开发的程序，那么本书是一个很好的起点。

在接下来的章节中，你将学习如何安装 Python，启动 Python Shell，执行基本的计算，在屏幕上打印文本和创建列表，以及使用 if 语句和 for 循环执行简单的控制流操作（并了解 if 语句和 for 循环是什么）。你将学习通过函数实现代码复用，类和对象的基础知识，以及许多内置的 Python 函数和模块的用法。

你会看到关于简单和高级海龟作图的内容，以及在计算机屏幕上使用 tkinter 模块绘图的方法。许多章节末尾的不同复杂度的编程小测验，将帮助你通过编写小程序来巩固新学到的知识。一旦掌握了基本的编程知识，你将学习如何编写自己的游戏。在本书中，你将开发两个图形游戏，并了解基本的碰撞检测、事件和不同的动画技术。

本书中的大多数示例都使用了 Python 的 IDLE（集成开发环境）Shell。IDLE 提供了语法高亮显示、复制和粘贴功能（和你在其他应用程序中使用的功能相似），还有一个编辑器窗口，你可以在其中保存代码以便随后使用。这意味着 IDLE 既是一个交互的实验环境，也有点类似于文本编辑器。程序示例在标准的控制台和常规的文本编辑器上都可以工作，但是 IDLE 的语法高亮显示和更友好的用户环境有助于你理解程序，所以本书第 1 章将介绍如何设置它。

本书内容

下面是每一章内容的简要概述。

第 1 章是对编程的介绍，其中包含首次安装 Python 的说明。第 2 章介绍基本的计算和变量，第 3 章介绍一些基本的 Python 类型，如字符串、列表和元组等。第 4 章初次接触 turtle（海龟）模块。我们从基本的编程转移到让海龟（一个看上去像箭头的形状）在屏幕上移动。

第 5 章涵盖了各种条件以及 if 语句，第 6 章接着介绍了 for 循环和 while 循环。

第 7 章开始使用和创建函数。在第 8 章中，我们介绍了类和对象。我们介绍了足够让我们在本书的后面章节中开发计算机游戏所需的基本概念和编程技术。从这时开始，书中的内容变得有点复杂了。

第 9 章再回到 turtle 模块，开始绘制更复杂的形状。第 10 章使用 tkinter 模块来创建更高级的图形。

在第 11 章和第 12 章中，我们创建了第一个游戏"弹球游戏"，这是基于前面章节中所介绍的知识来构建的。在第 13 章到 16 章中，我们创建了另一个游戏"火柴小人逃脱"。游戏开发章节是可能会出现严重错误的地方。如果所有其他尝试都失败了，请根据"资源与支持"页中的提示从异步社区下载本书配套源代码，并将你的代码与示例代码比较一下。

最后，在结束语中，我们简要地介绍如何使用 Python Package Installer（PIP）来安装 Pygame 模块，还有一个简短的 Pygame 示例，随后还介绍了一些其他编程语言的示例。附录 A 是一个 Python 关键字列表。附录 B 是一些有用的内置函数的列表（你将在本书后面的部分了解关键字和函数）。附录 C 提供了一些常见问题的故障排除信息。

祝你编程开心！

　　在阅读本书的过程中，请记住编程是一件让人开心的事。不要把它当成一项任务。要把编程当作在创建可以和朋友还有其他人分享的有趣游戏或者应用。

　　学习编程是一种很好的思维训练，效果也非常好。但更重要的是，不论你做什么，一定要开心！

资源与支持

资源获取

本书提供如下资源：
- 本书源代码；
- 习题答案；
- 本书思维导图；
- 异步社区 7 天 VIP 会员。

要获得以上资源，您可以扫描下方二维码，根据指引领取。

提交勘误

作者和编辑尽最大努力来确保书中内容的准确性，但难免会存在疏漏。欢迎您将发现的问题反馈给我们，帮助我们提升图书的质量。

当您发现错误时，请登录异步社区（https://www.epubit.com/），按书名搜索，进入本书页面，单击"发表勘误"，输入勘误信息，单击"提交勘误"按钮即可（见下图）。本书的作者和编辑会对您提交的勘误进行审核，确认并接受后，您将获赠异步社区的 100 积分。积分可用于在异步社区兑换优惠券、样书或奖品。

与我们联系

我们的联系邮箱是 contact@epubit.com.cn。

如果您对本书有任何疑问或建议，请您发邮件给我们，并请在邮件标题中注明本书书名，以便我们更高效地做出反馈。

如果您有兴趣出版图书、录制教学视频，或者参与图书翻译、技术审校等工作，可以发邮件给我们。

如果您所在的学校、培训机构或企业，想批量购买本书或异步社区出版的其他图书，也可以发邮件给我们。

如果您在网上发现有针对异步社区出品图书的各种形式的盗版行为，包括对图书全部或部分内容的非授权传播，请您将怀疑有侵权行为的链接发邮件给我们。您的这一举动是对作者权益的保护，也是我们持续为您提供有价值的内容的动力之源。

关于异步社区和异步图书

"**异步社区**"（www.epubit.com）是由人民邮电出版社创办的 IT 专业图书社区，于 2015 年 8 月上线运营，致力于优质内容的出版和分享，为读者提供高品质的学习内容，为作译者提供专业的出版服务，实现作者与读者在线交流互动，以及传统出版与数字出版的融合发展。

"**异步图书**"是异步社区策划出版的精品 IT 图书的品牌，依托于人民邮电出版社在计算机图书领域 30 余年的发展与积淀。异步图书面向 IT 行业以及各行业使用 IT 技术的用户。

目　录

第三部分　火柴人实例

第一部分
学习编程

第 1 章
Python 不是大蟒蛇

  计算机程序是一组让计算机执行某种动作的指令。和那些电路、芯片、卡、硬盘等不同，它不是计算机可触摸的部分，而是隐藏在背后指挥机器运行的东西。计算机程序（我常简称为"程序"）就是一系列告诉没有知觉的硬件做什么事情的命令。软件就是计算机程序的集合。

没有计算机程序，几乎所有我们现在每天使用的设备都将变得要么根本没有用，要么没那么有用。计算机程序不仅以各种形式控制着你的个人电脑，同时还控制着你的电子游戏系统、移动电话，还有车里的 GPS。还有液晶电视和遥控器，某些新型的收音机、DVD 播放机、烤箱和电冰箱，甚至汽车引擎、红绿灯、路灯、火车信号、电子广告牌和电梯也是由程序控制的。

程序有点像思想。如果你没有思想，那么你可能就只能坐在地板上，两眼无神地盯着墙壁。你想到"站起来"，那是一条指令，或者叫命令，它告诉你的身体要站起来。同样地，计算机程序告诉计算机做什么。

如果你知道如何写计算机程序，你就可以做各种各样的事情。当然，你可能写不出控制汽车、信号灯或者冰箱的程序（至少不是一开始就做得到），但是你可以创建网页，自己写游戏甚至写个程序来帮你完成作业。

1.1 关于计算机语言

和人类一样，计算机使用多种语言来沟通，这里所说的语言就是编程语言。简单地说，一种编程语言就是一种特定的与计算机交谈的方式，这种方式使用计算机和人都能理解的指令。

有些编程语言以人名命名（如 Ada 和 Pascal），有些采用简单的首字母缩写（如 BASIC 和 FORTRAN），甚至还有些以电视剧命名，如 Python。是的，Python 编程语言的名字来自电视剧《蒙提·派森的飞行马戏团》，而不是大蟒蛇。

> **NOTE** 《蒙提·派森的飞行马戏团》（Monty Python's Flying Circus）是英国 20 世纪 70 年代首播的电视喜剧，直到今天仍受某些观众喜爱。Python 的名字就是从这里来的 [1]。

有几项功能使得 Python 编程语言非常适合初学者。最重要的是，你可以用 Python 很快地写出简单有效的程序。Python 没有像其他编程语言一样有很多复杂的符号，从而对初学者来说更容易阅读也更友好。（并不是说 Python 不使用符号，只是没有像其他语言使用得那么多）。

---

[1] Python 这个单词在英文中是"蟒蛇"的意思。——译者注

1.2 安装 Python

安装 Python 相当简单。下面我们列举在 Windows 11、macOS 还有 Ubuntu 和树莓派上的安装步骤。在安装 Python 的同时你也会安装 IDLE 程序的快捷方式，它是用来写 Python 程序的集成开发环境。如果你的电脑已经装好了 Python，请直接跳到本书的 1.3 节。

1.2.1 在 Windows 11 上安装 Python

在微软 Windows 11 上安装 Python，先用网页浏览器打开 Python 官方网站的下载页面，然后下载 Python 3.10 或更高版本的安装程序。具体下载哪个版本的 Python 并不重要，只要保证至少是 3.10 及以后版本就可以。但是，如果使用更早版本的 Windows（例如 Windows 7），最新的 Python 就没有办法安装，你需要安装 Python 3.8。可以通过针对 Windows 平台的下载页面来查看适用于你的 Windows 系统的 Python 版本，如图 1-1 所示。

图 1-1　下载 Windows 版本的 Python 安装程序

如果浏览器询问是保存还是打开文件，选择保存。一旦下载了 Windows 安装文件，系统应该会提示你运行它。如果没有提示，打开"下载"文件夹，双击这个文件。现在，按照屏幕上的安装提示把 Python 安装到默认位置，步骤如下。

1. 选择 Install。
2. 当询问是否允许应用程序修改你的设备时，请选择 Yes。
3. 安装完成后单击 Close，在你的"开始"菜单中应该多了几项 Python 3.10 的图标，如图 1-2 所示。

图 1-2　Windows 开始菜单中的 Python3.10

现在你可以跳过后面的内容，直接到 1.3 节开始使用 Python 了。

1.2.2　在 macOS 上安装 Python

如果你使用的是苹果电脑，你应该已经有预先安装好的 Python，但它可能是早期版本的 Python。要确保你运行的是足够新的版本，单击 spotlight 图标（右上角的放大镜），在出现的对话框中输入 terminal。打开终端窗口后，输入 python3 --version（两个短横线后跟着单词 version），按下回车键。如果看到"命令不存在"或者版本低于 3.10，用浏览器打开 Python 官方网站的下载页面来下载最新版本的苹果安装程序，如图 1-3 所示。

图 1-3　下载 macOS 系统的 Python 安装程序

当文件下载好以后（它的文件类似于 python-3.10.0-maxosx11.pkg），双击它。同意许可证协议，按照屏幕上的提示来安装软件。在安装 Python 前你会被提示输入管理员的密码。如果你没有管理员的密码，请找你的父母或其他人来帮忙。安装好的 Python 文件如图 1-4 所示。

图 1-4　在苹果电脑上资源管理器中的 Python

现在你可以跳过后面的内容，直接到 1.3 节开始使用 Python 了。

1.2.3　在 Ubuntu 上安装 Python

Ubuntu Linux 的发布版本中有预先安装好的 Python，但是可能是较早的版本。按以下步骤获取最新版本的 Python。

1. 单击 Show Applications 图标（通常是屏幕左下角的 9 个点）。
2. 在输入框中输入 terminal（如果已经显示了 Terminal，单击它）。
3. 出现了终端窗口后，输入以下命令：

```
sudo apt update
sudo apt install python3.10 idle-python3.10
```

输入第一个命令后，可能要你输入管理员密码。（如果你没有管理员密码的话，可能要找你的父母或者老师帮忙。）安装过程如图 1-5 所示。

图 1-5　在 Ubuntu 的终端窗口安装 Python

现在你可以跳过后面的内容，直接到 1.3 节开始使用 Python 了。

1.2.4 在树莓派（Raspberry Pi）上安装 Python

树莓派的操作系统已经预先安装好了 Python 3，但是在编写本书的时候，它的版本是 3.7。和其他操作系统相比，树莓派安装更新版本的 Python 会稍微复杂一些，你需要自己下载和构建 Python 的安装。其实自己安装并没有听上去那么难。只要一步一步输入下面的命令，然后等待每一条命令完成即可。

```
sudo apt update
sudo apt install libffi-dev libssl-dev tk tk-dev
wget ***.python.org/ftp/python/3.10.0/Python-3.10.0.tar.xz
tar -xvf Python3.10.0.tar.xz
cd Python-3.10.0
./configure --prefix=/usr/local/opt/python-3.10.0
make -j 4
sudo make altinstall
```

倒数第 2 步将花费最长的时间，因为它会构建 Python 应用中包含的所有代码，如图 1-6 所示。

图 1-6　在树莓派的终端窗口安装 Python

安装好后，你需要把一个名叫 IDLE 的程序添加到菜单（这会让后边的使用更容易些）。

1. 单击屏幕左上角的树莓派图标，然后单击 Preferences，选择 Main Menu Editor。
2. 在出现的窗口中，单击 Programming，然后单击 New Item 按钮。
3. 在出现的 Launcher Properties 对话框中，输入 idle3.10，如图 1-7 所示，然后输入下面这行命令：

```
/usr/local/opt/python-3.10.0/bin/idle3.10
```

4. 单击 OK 按钮，然后在主编辑器窗口再次单击 OK 来完成安装，现在就可以进入下一节了。

图 1-7　在树莓派中启动安装

1.3　当你安装好 Python 以后

安装好 Python 后，我们在 IDLE（也叫作 Shell）中编写第一个程序。如果使用 Windows 操作系统，在查询窗口（屏幕左下角）输入 idle，在出现最符合搜索项的菜单中选择 IDLE（64 位 Python 3.10）。如果使用苹果电脑，选择 Go 菜单下的 Applications，打开 Python 3.10 文件夹，找到 IDLE。如果使用 Ubuntu，单击 Show Applications，然后单击下面的 All 标签，就可以看到一个标题为 IDLE（Python-3.10）的入口，如果看不到也可以在搜索框中输入 IDLE。如果使用树莓派，单击屏幕左上角的树莓派图标，单击 Programming，然后在出现的列表中选择 idle3.10。打开 IDLE 后，你应该会看到图 1-8 所示的窗口。

图 1-8　Windows 中的 Python Shell 程序

这是"Python Shell 程序"，是 Python 集成开发环境的一部分。这三个大于号（>>>）叫作"提示符"。

让我们在提示符后面输入一些命令，第一个是著名的句段：

```
>>> print("Hello World")
```

一定要输入括号里面的（英文）双引号（" "）。在输入这一行后在键盘上按下回车键。如果你正确地输入了这个命令，你应该会看到下面的结果：

```
>>> print("Hello World")
Hello World
>>>
```

提示符会再次出现，通知你 PythonShell 程序准备好接受更多的命令。

恭喜你！你刚刚创建了你的第一个 Python 程序。其中的单词 print（意为"打印"）是一种叫作"函数"的 Python 命令，它把引号之中的任何内容打印到屏幕上。其实你已经给计算机一个指令来显示 Hello World，这是一个计算机和你都能理解的指令。

1.4　保存 Python 程序

如果你每次想用 Python 程序时都需要重新输入的话那可太麻烦了，要把它打印出来参考也不是一个可行的办法。当然，重写小程序也没什么，但对于像字处理软件一样的大程序，其中可能包含超过 10 万页的代码，这就有点难了。想象一下，你要把这一大堆纸背回家，可千万别吹来一阵大风。

幸运的是，我们可以把程序保存起来留在以后用。要保存一个新程序，打开 IDLE 程序，选择 File（文件）->New Window（新窗口）；然后会出现一个空白窗口，在菜单条上有 *Untitled* 字样。在新 Shell 窗口中输入下面的代码：

```
>>> print("Hello World")
```

然后，选择 File（文件）->Save（保存）。当提示输入文件名时，输入 hello.py，并把文件保存到桌面，然后选择 Run（运行）->Run Module（运行模块）。不出问题的话，你保存的程序就可以运行了，如图 1-9 所示。

图 1-9　在 IDLE 中的 Hello World

现在，如果你关闭 Shell 程序窗口，但留着 hello.py 窗口，然后选择 Run->Run

Module，那么 Python Shell 程序会再次出现，并且你的
程序会再次运行。(要想不运行程序就重新打开 Python
Shell 程序，选择 Run（运行）->Python Shell。)

在运行代码后，你会在桌面上发现一个新的标有
hello.py 的图标，如果你双击这个图标，会短暂地出现
一个黑色窗口然后马上消失。到底发生了什么？

你看到的是 Python 命令行控制台（类似于 Shell 程序）启动，打印出 Hello World，
然后退出。如果你有超级英雄一样敏锐的眼力，在窗口关闭前你会看到图 1-10 所
示的内容。

图 1-10　命令行控制台

NOTE　取决于你的操作系统，Python 可能无法运行，或者可能运行一个和我
们所安装版本不同的 Python。

除了用菜单，你还可以用快捷键来创建新的 Shell 程序窗口、保存文件和运行
程序。

1. 在 Windows、Ubuntu 和树莓派上用 Ctrl+N 组合键来创建一个新的 Shell 程
   序窗口，在编辑完毕后用 Ctrl+S 组合键来保存文件，按 F5 来运行程序。
2. 在苹果 OS 上用⌘-N 来创建一个新的 Shell 程序窗口，用⌘-S 来保存文件，
   按下功能键（FN）然后按 F5 来运行程序。

1.5　你学到了什么

在这一章中我们以一个简单的 Hello World 程序开始，几乎每个人都是从这个程
序开始学习计算机编程的。在下一章中，我们会用 Python Shell 程序做更有用的事情。

第 2 章

计算与变量

好了，现在你的 Python 装好了，也知道如何启动 Python Shell 程序了，你准备好用它来做点什么了吗？我们将从一些简单的计算开始，然后再使用变量。变量是计算机程序中用来保存东西的一种方式，它能帮你写出有用的程序。

2.1 用 Python 来做计算

一般来讲，当你要得到两个数字的乘积时你会用计算器或者纸笔，比方说计算 8×3.57，如何用 Python Shell 程序来运行这个计算呢？让我们来试一试。

双击桌面上的 IDLE 图标来启动 Python Shell 程序。如果你用的是 Ubuntu 操作系统，在"应用"菜单中单击 IDLE 图标。在提示符后面输入以下算式：

```
>>> 8 * 3.57
28.56
```

请注意，在 Python 里输入乘法符号时要使用星号（*）而不是乘号（×）。

让我们来试试另一个更有用一点的算式怎么样？

假设你在后院里挖出了一个装着 20 枚金币的袋子。第二天，你偷偷跑到地下室，把这些金币放进你爷爷发明的蒸汽动力的复制机里（很幸运的是你刚好能把 20 枚金币放进去）。你听到机器在吵闹，几小时后，它吐出 10 枚闪闪发光的新的金币。

如果在过去一年中，你每天都这样做一遍的话，在你的财宝箱里会有多少金币？在纸上，这个算式可能会是这样：

$$10 \times 365 = 3\,650$$
$$20 + 3\,650 = 3\,670$$

当然，用计算器或者纸也能很容易地做这些运算，但是我们也可以用 Python Shell 程序来做这些运算。首先，用 10 枚金币乘以一年的 365 天得到 3 650。接下来，我们加上原来的 20 枚金币就得到了 3 670：

```
>>> 10 * 365
3650
>>> 3650 + 20
3670
```

那么现在，要是有一只乌鸦发现了你卧室中闪亮的金币，而且每周它都能成功地飞进来并设法偷走 3 枚金币，那到一年结束时你还剩下多少金币？在 Shell 程序中这个算式是这个样子的：

```
>>> 3 * 52
156
>>> 3670 - 156
3514
```

首先，我们用 3 枚金币乘以一年的 52 周，结果是 156。把这个数字从我们总的金币数（3 670）中减掉，得到的结果是我们在一年结束时还剩下 3 514 枚金币。

虽然使用计算器可以很容易地完成这个运算，但在 Shell 程序中完成计算对学习编写简单的计算机程序很有帮助。在本书中，你将学到如何把这些想法扩展开来，写出更有用的程序。

2.1.1 Python 的运算符

在 Python Shell 程序中，你可以做乘法、加法、减法和除法。当然，还有其他的一些数学运算符，我们现在先不讲。Python 用来做数学运算的那些基本符号叫作"运算符"，如表 2-1 所示。

表 2-1 Python 基本运算符

符　　号	运　　算
+	加
-	减
*	乘
/	除

用斜杠（/）表示除法是因为它与分数的表示方式相似。例如，如果有 100 个海盗和 20 个大桶，你想算算每个桶里要藏几个海盗，那你可以用 100 个海盗除以 20 个桶（100 ÷ 20），在 Python Shell 程序中输入 100 / 20。

2.1.2 运算的顺序

在编程语言中，我们用括号来控制运算的顺序。任何用到运算符的东西都是一个"运算"。乘法和除法运算比加法和减法优先，也就是说乘除法先运算。换句话讲，如果你在 Python 中输入一个算式，乘法或者除法的运算会在加法或减法之前。

例如，在下面的算式中，数字 30 先和 20 相乘，然后数字 5 再加到这个乘积上：

```
>>> 5 + 30 * 20
605
```

这个算式是"30 乘以 20，然后把结果再加上 5"的另一种说法。结果是 605。我们可以通过给前面两个数字加上括号来改变运算的顺序。就像这样：

```
>>> (5 + 30) * 20
700
```

这个运算的结果是 700（而不是 605），因为括号告诉
Python 先做括号中的运算，然后再做括号之外的运算。这个例
子就是在说："5 加上 30，然后把结果乘以 20。"

括号可以嵌套，就是说括号中还可以有括号，就像这样：

```
>>> ((5 + 30) * 20) / 10
70.0
```

在这个例子中，Python 先计算最里层的括号，然后是外面一层，最后再做除法
运算。

也就是说，这个算式的意思是"5 加上 30，然后把结果乘以 20，再把这个结
果除以 10。"下面是具体的过程。

- 5 加 30 得到 35。
- 35 乘以 20 得到 700。
- 把 700 除以 10 得到了最终结果 70。

如果没用括号，结果就会不同：

```
>>> 5 + 30 * 20 / 10
65.0
```

这样的话，30 首先与 20 相乘（得到 600），然后 600 被 10 除（得到 60），最后，
加上 5 得到了结果 65。

NOTE 请记住乘法和除法总是在加法和减法之前，除非用括号来控制运算的
顺序。

2.2 变量就像标签

在编写程序时"变量"这个词是指一个存储信息（例如数字、文本、由数字和
文本组成的列表等）的地方。另一种看待变量的方式是它就像贴在东西上的标签。
例如，要创造一个名为 fred 的变量，我们用等于号（=）告诉 Python 这个标签是
贴在什么信息上的。下面，我们创建了 fred 这个变量并告诉 Python 它给数字 100
加上了标签（注意这并不意味着其他变量不能有同样的数值）：

```
>>> fred = 100
```

想知道一个变量给什么值加了标签，在 Shell 程序中输入 print，后面括号中是变量的名字，就像这样：

```
>>> print(fred)
100
```

我们也可以让 Python 来修改变量 fred，使它成为其他值的标签。例如，下面是如何把 fred 改成数字 200：

```
>>> fred = 200
>>> print(fred)
200
```

在第一行，我们说 fred 成为数字 200 的标签。在第二行，我们输出 fred 的值，就是为了确认这个改变。Python 在最后一行打印出结果。

我们也可以使用不止一个标签（多个变量）来标记同一件东西：

```
>>> fred = 200
>>> john = fred
>>> print(john)
200
```

在这个例子中，我们通过在 john 和 fred 之间使用等号来告诉 Python，我们想让名字（或者说变量）john 与 fred 标记同一个东西。

当然，对于变量来讲 fred 可能不是一个很有用的名字，因为它根本没告诉我们这个变量是干什么用的。现在不用 fred，让我们把变量起名为 number_of_coins（金币的数量），像这样：

```
>>> number_of_coins = 200
>>> print(number_of_coins)
200
```

这就明确了我们是在说 200 枚金币。变量名可以由字母、数字和下划线字符（_）组成，但是不能由数字开头。从一个字母（如 a）到长长的句子都可以用来做变量名（变量名不能包含空格，所以要用下划线来分隔单词）。有些时候，如果你要快速地做一些事情，那么短一点的变量名最好。选择什么样的名字取决于你需要让这个变量名有多么大的含意。

现在你知道如何创建变量了，让我们看看如何使用它们。

2.3 使用变量

还记得之前的那个算式吗？如果你能用地下室里你爷爷的疯狂发明像变戏法般地创造出新金币来，那么计算在一年后你会有多少金币的算式是这样的：

```
>>> 20 + 10 * 365
3670
>>> 3 * 52
156
>>> 3670 - 156
3514
```

我们可以把它写成一行代码：

```
>>> 20 + 10 * 365 - 3 * 52
3514
```

这个样子不太容易阅读，那么，如果我们把这些数字变成变量呢？试着像下面这样输入：

```
>>> found_coins = 20
>>> magic_coins = 10
>>> stolen_coins = 3
```

这些输入的代码会创建出变量 found_coins（找到的金币）、magic_coins（魔法金币）和 stolen_coins（被偷走的金币）。

那么现在，我们可以这样重新输入算式：

```
>>> found_coins + magic_coins * 365 - stolen_coins * 52
3514
```

你可以看到它给出了同样的答案。所以，谁会在乎用哪种方式呢？对吧？嘿嘿，下面就要展示变量的魔力了。假如你在窗子上粘贴了一个稻草人，乌鸦这回只能偷到 2 枚金币而不是 3 枚了呢？如果我们用了变量，只要简单地把表示被偷走的金币的变量改为新的数字，那么算式中每个用到它的地方都会改变。我们可以这样输入来把变量 stolen_coins 改为 2：

```
>>> stolen_coins = 2
```

然后我们可以复制粘贴算式来重新计算，步骤如下：

1. 如图 2-1 所示，单击鼠标从这行的开头到结尾选中要复制的文本。
2. 按住 Ctrl 键（如果你用苹果电脑则为 ⌘ 键）然后按 C 键来复制选中的文本（以后我们用 Ctrl+C 组合键来代表这个操作）。
3. 单击最后一个提示符（在 stolen_coins = 2 之后）。
4. 按住 Ctrl 键然后按 V 键来粘贴选中的文本（以后我们用 Ctrl+V 组合键来代表这个操作）。
5. 按回车键就会看到新的结果，如图 2-2 所示。

图 2-1　选中要复制的文本

图 2-2　新的运行结果

是不是比重新录入整个算式容易多了？

你可以试试改变其他的变量，然后复制（Ctrl+C 组合键）并粘贴（Ctrl+V 组合键）算式来观察改变的效果。例如，如果你在恰当的时刻在边上猛敲一下你爷爷的发明，那么它每次会多吐出 3 枚金币，你会发现一年后你将得到 4 661 枚金币：

```
>>> magic_coins = 13
>>> found_coins + magic_coins * 365 - stolen_coins * 52
4661
```

当然，用变量来做这样简单的计算时，它的用处仍然很有限。到现在我们还没见过变量真正大展拳脚，只要记住变量就是一种给事物加标签的方法，我们以后知道怎么使用它就可以了。

2.4　你学到了什么

在这一章里，你学到了如何用 Python 操作符来做简单计算以及如何用括号来控制 Python 计算式中各部分的顺序。我们还创建了变量来给数值加上标签并在计算中使用这些变量。

第 3 章
字符串、列表、元组和字典

在第 2 章中，我们用 Python 做了一些基本的运算，并且学习了变量。在这一章中，我们会学习 Python 编程中的另一些内容：字符串（string）、列表（list）、元组（tuple）和字典（dictionary）。我们将学习使用字符串在程序中显示消息（比如游戏中"准备"和"游戏结束"这样的消息）。我们还将学习列表、元组和字典是如何用来存储成批的信息的。

3.1 字符串

在编写程序的术语中，我们通常把文字称为"字符串" (string)。如果你把字符串想象成一堆字的组合的话，那么这个名字还挺形象的。本书中所有的字、数字以及符号都可以是一个字符串。并且你的名字也可以是一个字符串，你家的地址也是。事实上，在第 1 章中我们创建的第一个 Python 程序用到了一个字符串——Hello World。

3.1.1 创建字符串

在 Python 中，我们通过给文本添加引号来创建字符串，这是因为编程语言需要识别不同类型的变量（我们需要告诉计算机，一个值是数字、字符串还是其他类型）。例如，第 2 章中的变量 fred 可以用来标记一个字符串，像这样：

```
fred = "Why do gorillas have big nostrils? Big fingers!!"
```

（注意，引号为英文半角 ""，而非中文全角 ""。）

然后，要看看 fred 里放的是什么，只要输入 print(fred)，就像这样：

```
>>> print(fred)
Why do gorillas have big nostrils? Big fingers!!
```

你也可以用单引号来创建字符串，像这样：

```
>>> fred = 'What is pink and fluffy? Pink fluff!!'
>>> print(fred)
What is pink and fluffy? Pink fluff!!
```

然而，要是你只用一个单引号（'）或者双引号（"）来输入超过一行的文字，或者用一种引号开头并尝试用另一种引号结尾的话，你就会在 Python Shell 程序中得到一条错误信息。例如，输入如下一行：

```
>>> fred = "How do dinosaurs pay their bills?'
```

你会看到下面的结果：

```
SyntaxError: EOL while scanning string literal
```

这条消息的意思就是，语法错误：扫读字符串文本时遇到了 EOL 行结尾。

这里的出错信息说语法有问题，因为你没有遵守用单引号或双引号结束字符串的规则。

Syntax（语法）指语句中文字的排列和顺序，或者像在本例中一样，指程序中文字与符号的排列和顺序。因此 SyntaxError（语法错误，Error 是错误的意思）的含义是你写的东西的顺序不在 Python 的意料之中，或者 Python 意料中应该出现的东西被你漏掉了。EOL 是 end-of-line（行结尾）的意思，因此后面的出错信息是在告诉你 Python 碰到了行的结尾却没有找到结束字符串的双引号。

要在字符串中使用多于一行的文字（简称多行字符串），得使用三个单引号（'''），然后在行之间输入回车，像这样：

```
>>> fred = '''How do dinosaurs pay their bills?
    With tyrannosaurus checks!'''
```

现在让我们把 fred 的内容打印出来看看对不对：

```
>>> print(fred)
How do dinosaurs pay their bills?
With tyrannosaurus checks!
```

3.1.2　处理字符串相关的问题

现在来看看这个乱七八糟的字符串例子，它会让 Python 显示一条错误信息：

```
>>> silly_string = 'He said, "Aren't can't shouldn't wouldn't."'
SyntaxError: invalid syntax
```

在第一行代码中，我们想要创建一个由单引号括起来的字符串（变量的名叫 silly_string），但是其中混着一些带有单引号的词 can't、shouldn't 和 wouldn't，还有一对双引号。太乱了！

要记住 Python 可没有人那么聪明，因此它所见到的只是一个包含了 He said, "Aren 的字符串，后面跟着它意料之外的一大堆其他字符。当 Python 看到一个引号时（无论是单引号还是双引号），它期望其后面是一个从第一个引号开始到下一个对应的引号（无论是单引号还是双引号）结束的字符串。在这个例子中，字符串是从 He 之前的一个单引号标记开始，对于 Python 来讲，这个字符串的结尾是在 Aren 的 n 之后的那个单引号。

IDLE 中的最后一行告诉我们出现了什么类型的错误。在本例中，这是个语法错误。

使用双引号来代替单引号的话，仍然会产生错误：

```
>>> silly_string = "He said, "Aren't can't shouldn't wouldn't.""
SyntaxError: invalid syntax
```

这一次，Python 看到了一个由双引号括起来的字符串，内容为"He said,"（结尾还有一个空格）。这个字符串之后（从 Aren't 开始）引发了错误。

这是因为从 Python 的角度来讲，所有这些额外的东西根本就不应该在那里。Python 只知道要找到下个对应的引号，但却不知道你写在同一行后面的那些东西是想做什么。

解决这个问题的方法就是用多行字符串，我们在之前已经学过了，就是使用三个单引号（"），它可以让我们在字符串中加入单引号和双引号而不会引起错误。事实上，如果我们用三个单引号，我们可以在其间放入任意单引号和双引号的组合（只要不把三个单引号放进去就行）。那个字符串无错的版本是这样的：

```
silly_string = '''He said, "Aren't can't shouldn't wouldn't."'''
```

别急，还有呢。在 Python 里，如果你只想用单引号或者双引号而不是三个单引号来括起字符串，那么你可以在字符串中间的每个引号前加上一个反斜杠（\）。这叫做"转义"（escaping）。我们用这种方式告诉 Python："是的，我知道在我的字符串中间有引号，希望你忽略它们直到看见结束的那个引号为止。"

转义的字符串很难阅读，所以更好的方法可能还是用多行字符串。可是你还是有可能会碰到使用转义的代码片段，所以最好也要了解一下为什么用到了反斜杠。

下面是几个使用转义的例子：

```
❶ >>> single_quote_str = 'He said, "Aren\'t can\'t shouldn\'t
       wouldn\'t."'
❷ >>> double_quote_str = "He said, \"Aren't can't shouldn't
       wouldn't.\""
>>> print(single_quote_str)
He said, "Aren't can't shouldn't wouldn't."
>>> print(double_quote_str)
He said, "Aren't can't shouldn't wouldn't."
```

首先，在 ❶ 处，我们用单引号创建了一个字符串，字符串里面的每个单引号前面都加上了反斜杠。在 ❷ 处，我们用双引号创建了一个字符串，在字符串里的双引号前面加上了反斜杠。在接下来的那几行代码中，我们把刚刚创建的变量打印出来。请注意反斜杠字符不会出现在我们打印出的字符串里。

3.1.3 在字符串里嵌入值

如果你想显示一条使用变量中内容的信息,你可以把这个变量嵌入字符串中,并使用花括号把变量名包起来,然后用具体的值来替换它,这叫作 f- 字符串 (也就是格式化字符串表达式)。用程序员的话说,嵌入值就是 "把值插入到某位置"。

例如,要想先让 Python 计算或者存储你在某个游戏中的得分,然后把它加入像 "我得到了 1000 分" 这样的一句话中,那需要在第一个引号前加上 f,然后用花括号包围的变量来替代数字 1000,就像这样:

```
>>> myscore = 1000
>>> message = f'I scored {myscore} points'
>>> print(message)
I scored 1000 points
```

在这里,我们创建了一个变量 myscore,它的值是 1000,还创建了一个变量 message,这个字符串包含了 f- 字符串格式的内容 I scored {myscore} points。在下一行里,我们调用 print(message) 来查看我们字符串中替换的结果。打印这个信息的结果是 I scored 1000 points (我得到了 1000 分)。不一定要使用变量来表示这个信息。我们也可以像下面这样实现相同的示例:

```
print(f'I scored {myscore} points')
```

我们还可以在一个字符串中使用多个变量,就像这样:

```
>>> first = 0
>>> second = 8
>>> print(f'What did the number {first} say to the number {second}? Nice belt!!')
What did the number 0 say to the number 8? Nice belt!!
```

我们甚至可以把 f- 字符串放到表达式中,如下所示:

```
>>> print(f'Two plus two equals {2 + 2}')
Two plus two equals 4
```

在这个示例中,Python 计算了大括号中的简单等式,所以打印的字符串包含了这个结果。

3.1.4 字符串乘法

10 乘以 5 等于什么?答案当然是 50。可是 10 乘以 a 呢?下面是 Python 给出的答案:

```
>>> print(10 * 'a')
aaaaaaaaaa
```

Python 程序员可能出于多种原因需要将字符串相乘，例如当在 Shell 程序中显示消息时，可以采用这个功能来用一定数量的空格对齐字符串。让我们在 Shell 程序中打印一封信（在菜单上选择 File（文件）→ New File（新建文件），然后输入以下代码）：

```
spaces = ' ' * 25
print(f'{spaces} 12 Butts Wynd')
print(f'{spaces} Twinklebottom Heath')
print(f'{spaces} West Snoring')
print()
print()
print('Dear Sir')
print()
print('I wish to report that tiles are missing from the')
print('outside toilet roof.')
print('I think it was bad wind the other night that blew them away.')
print()
print('Regards')
print('Malcolm Dithering')
```

在 Shell 程序窗口输入代码后，选择 File（文件）→ Save As（另存为）。把你的文件命名为 myletter.py。可以选择运行（Run）→运行模块（Run Module）来运行这段代码（就像我们前面所做的一样）。

在这个例子里的第一行代码中，我们创建了一个变量 spaces，它是把一个空格乘以 25 的结果。然后在接下来的三行代码中，我们用这个变量来让文本在 Shell 程序中左边对齐。你可以在图 3-1 中见到这些 print 语句的输出结果。

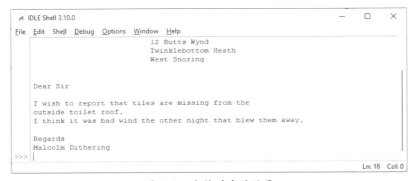

图 3-1　文件对齐的效果

除了用乘法进行对齐，我们也可以用它来让屏幕上充满无聊的信息。你可以试试这个：

```
>>> print(1000 * 'snirt')
```

什么是文件和文件夹

文件是可以存储在计算机上的某种数据（或信息）。文件可以包括照片、视频、电子书，甚至可以是写在 word 文档中的学生成绩单。

文件夹（也叫作目录）是存放其他文件和文件夹的集合。当单击另存为（Save AS）来保存 myletter.py 文件时，它也会存在一个文件夹中。

我们会看到，文件和文件夹在编程中都是很重要的。

3.2　列表比字符串还强大

"蜘蛛腿、青蛙脚趾头、蝙蝠翅、鼻涕虫油和蛇蜕皮"，这不是普通的采购清单（除非你是个巫师），不过我们要用它来作为例子看看字符串和列表有什么不同。我们可以把清单上的这一系列元素用字符串的形式放到变量 wizard_list 中：

```
>>> wizard_list = 'spider legs, toe of frog, bat wing, slug butter, snake dandruff'
>>> print(wizard_list)
spider legs, toe of frog, bat wing, slug butter, snake dandruff
```

我们也可以创建一个列表（list），它是一种有点魔力的 Python 对象，我们可以操纵它。下面是这些元素写成列表的样子：

```
>>> wizard_list = ['spider legs', 'toe of frog', 'bat wing',
                   'slug butter', 'snake dandruff']
>>> print(wizard_list)
['spider legs', 'toe of frog', 'bat wing', 'slug butter',
'snake dandruff']
```

创建一个列表比创建一个字符串要多敲几下键盘，但是列表比字符串更有用，因为我们可以更容易地对列表中的元素进行操作。我们可以通过在方括号（[]）中输入数字（这叫"索引位置"）来打印列表中的元素，就像这样：

```
>>> print(wizard_list[2])
bat wing
```

如果你认为第三个元素才是 toe of frog，那你可能想知道为什么 bat wing 会被打印出来。这是因为列表从位置 0 开始索引，所以列表中的第一个元素是 0，第二个是 1，然后第三个是 2。这对于人类来讲可能说不通，但对计算机来讲就是这样的。

我们也可以改变列表中的一个元素，或许我们的巫师朋友只是想让我们知道，要为他们准备蜗牛舌而不是蝙蝠翅。下面展示如何让我们的列表做到这一点：

```
>>> wizard_list[2] = 'snail tongue'
>>> print(wizard_list)
['spider legs', 'toe of frog', 'snail tongue', 'slug butter',
'snake dandruff']
```

这样就把索引位置 2 中原来是蝙蝠翅（bat wing）的元素设置为蜗牛舌（snail tongue）了。

另一个操作是显示列表的一个子集。我们通过在方括号中使用冒号（:）来做到这一点。例如，输入下面的代码就能看到由从第三个元素到第五个元素组成的一个列表（这些材料用来做一个可爱的三明治）：

```
>>> print(wizard_list[2:5])
['snail tongue', 'slug butter', 'snake dandruff']
```

写上 [2:5] 就如同在说："显示从索引位置 2（但不包含）直到索引位置 5（包含）的元素"，换句话说，就是元素 3、4 和 5。

列表可以用来存放各种元素，比如数字：

```
>>> some_numbers = [1, 2, 5, 10, 20]
```

它们也可以用来放字符串：

```
>>> some_strings = ['Which', 'Witch', 'Is', 'Which']
```

它们还可以把数字和字符串混合在一起：[1]

```
>>> numbers_and_strings = ['Why', 'was', 6, 'afraid', 'of', 7,
                            'because', 7, 8, 9]
>>> print(numbers_and_strings)
['Why', 'was', 6, 'afraid', 'of', 7, 'because', 7, 8, 9]
```

列表中甚至可以保存其他列表：

---

[1] 读者朋友，你看懂这个笑话了么？英语中 ate 是吃掉的意思，读音和 eight 一样……——译者注

```
>>> numbers = [1, 2, 3, 4]
>>> strings = ['I', 'kicked', 'my', 'toe', 'and', 'it',
               'is', 'sore']
>>> mylist = [numbers, strings]
>>> print(mylist)
[[1, 2, 3, 4], ['I', 'kicked', 'my', 'toe', 'and', 'it',
'is', 'sore']]
```

这个列表中又有列表的例子创建了三个变量：numbers 中有 4 个数字，strings 中有 8 个字符串，mylist 中有 numbers 和 strings。第三个列表（mylist）只有两个元素，因为它是变量名的列表，而不是这些变量的内容组成的列表。

我们可以尝试分别打印 mylist 的两个元素：

```
>>> print(mylist[0])
[1, 2, 3, 4]
>>> print(mylist[1])
['I', 'kicked', 'my', 'toe', 'and', 'it', 'is', 'sore']
```

这里我们可以看到 mylist[0] 包含了一个数字列表，mylist[1] 包含了一个字符串列表。

3.2.1　添加元素到列表

要在列表中添加元素，我们要用到 append 函数。

例如，要在巫师的采购单上增加一项熊饱嗝（我觉得肯定有这么个东西）可以这样做：

```
>>> wizard_list.append('bear burp')
>>> print(wizard_list)
['spider legs', 'toe of frog', 'snail tongue', 'slug butter',
'snake dandruff', 'bear burp']
```

你可以一直这样向巫师的清单上添加魔法元素：

```
>>> wizard_list.append('mandrake')
>>> wizard_list.append('hemlock')
>>> wizard_list.append('swamp gas')
```

现在，巫师的清单看起来是这样的：

```
>>> print(wizard_list)
['spider legs', 'toe of frog', 'snail tongue', 'slug butter',
'snake dandruff', 'bear burp', 'mandrake', 'hemlock', 'swamp gas']
```

这个巫师显然已经准备好搞出些像样的魔法来了！

3.2.2 从列表中删除元素

用 del 命令（delete，删除的缩写）从列表中删除元素。例如，要从巫师的列表中删除第五个元素"蛇蜕皮"，要这样做：

```
>>> del wizard_list[4]
>>> print(wizard_list)
['spider legs', 'toe of frog', 'snail tongue', 'slug butter',
'bear burp', 'mandrake', 'hemlock', 'swamp gas']
```

NOTE　要记住位置是从零开始的，所以 wizard_list[4] 实际上指向了列表中的第五个元素。

下面展示了如何把我们刚加上去的元素删掉（曼德拉草、毒芹和沼气）：

```
>>> del wizard_list[7]
>>> del wizard_list[6]
>>> del wizard_list[5]
>>> print(wizard_list)
['spider legs', 'toe of frog', 'snail tongue', 'slug butter',
'bear burp']
```

3.2.3 列表上的算术

把列表相加就能把它们连起来，就像使用加号（+）把数字相加一样。例如，假设我们有两个列表，list1 中是从 1 到 4 的数字，list2 中是一些单词。我们可以用 + 符号来把它们加起来，就像这样：

```
>>> list1 = [1, 2, 3, 4]
>>> list2 = ['I', 'tripped', 'over', 'and', 'hit', 'the', 'floor']
>>> print(list1 + list2)
[1, 2, 3, 4, 'I', 'tripped', 'over', 'and', 'hit', 'the', 'floor']
```

我们也可以把两个列表相加并把结果赋给另一个变量：

```
>>> list1 = [1, 2, 3, 4]
>>> list2 = ['I', 'ate', 'chocolate', 'and', 'I', 'want', 'more']
>>> list3 = list1 + list2
>>> print(list3)
[1, 2, 3, 4, 'I', 'ate', 'chocolate', 'and', 'I', 'want', 'more']
```

我们也可以把列表乘以一个数字，例如，把 list1 乘以 5 就写作 list1*5：

```
>>> list1 = [1, 2]
>>> print(list1 * 5)
[1, 2, 1, 2, 1, 2, 1, 2, 1, 2]
```

这实际上就是告诉 Python 把 list1 重复 5 次，结果是 1，2，1，2，1，2，1，2，1，2。然而除法（/）和减法（−）只会产生错误，就像下面一样：

```
>>> list1 / 20
Traceback (most recent call last):
File "<pyshell>", line 1, in <module>
    list1 / 20
TypeError: unsupported operand type(s) for /: 'list' and 'int'

>>> list1 - 20
Traceback (most recent call last):
File "<pyshell>", line 1, in <module>
    list1 - 20
TypeError: unsupported operand type(s) for -:'list' and 'int'
```

可这是为什么呢？用 + 来连接列表和用 * 来重复列表都是很直接明了的操作。这些概念在现实世界中也说得通。例如，如果我交给你两张购物清单，然后和你说："把这两个单子加在一起"，你可能就会在另一张纸上把所有的元素都从头到尾按顺序写一遍。同样，如果我说："把这个列表翻 3 倍"，你也会想到再用一张纸把所有的列表元素写三遍。

但是怎么给列表做除法呢？例如，想想你该如何把一个由 6 个数字（1 到 6）组成的列表一分为二。这里起码有 3 种不同的做法：

```
[1, 2, 3]        [4, 5, 6]
[1]              [2, 3, 4, 5, 6]
[1, 2, 3, 4]     [5, 6]
```

你是想要把列表从中间分开，从第一个元素之后分开，还是随便从什么地方分开？这个没有答案，如果你让 Python 来分开一个列表，它也不知道该做什么。这就是为什么 Python 回应了一条错误。

同样的原因，也不能把列表以外的其他东西加到列表上。例如，如果我们要把数字 50 加到列表上就会发生这样的事情：

```
>>> list1 + 50
Traceback (most recent call last):
  File "<pyshell>", line 1, in <module>
    list1 + 50
TypeError: can only concatenate list (not "int") to list
```

为什么在这里会出错？嗯，把列表加上 50 是什么意思？是要把每个元素都加上 50 吗？但如果这些元素不是数字怎么办？是要把数字 50 加到列表的开头或者结尾吗？

在计算机编程中，每次你输入同一个命令它都应该完全以同样的方式工作。计算机看东西非黑即白。如果让它来做个混乱不清的决定，那它就只能举手投降，报出错误。

3.3　元组

元组就像是一个使用括号的列表，例如：

```
>>> fibs = (0, 1, 1, 2, 3)
>>> print(fibs[3])
2
```

这里，我们把变量 fibs 定义为数字 0、1、1、2 和 3。然后，就像用列表一样，我们把元组中索引位置为 3 的元素打印出来：print(fibs[3])。

元组与列表的主要区别在于元组一旦创建就不能再做改动了。例如，如果我们想要把元组 fibs 中的第一个值替换成 4（就像我们替换 wizard_list 中的值一样），我们会得到一条错误信息：

```
>>> fibs[0] = 4
Traceback (most recent call last):
File "<pyshell>", line 1, in <module>
    fibs[0] = 4
TypeError: 'tuple' object does not support item assignment
```

那为什么还要用元组而不用列表呢？主要是因为有时候对一些你知道永远不会改变的事情，元组还是很有用的。如果你创建一个由两个元素组成的元组，它里面将一直就放着这两个元素。

3.4　Python 字典

在 Python 中，像列表和元组一样，字典（dict，是 dictionary 的缩写）也是一堆东西的组合。字典与列表或元组不同的地方在于字典中的每个元素都有一个键（key）和一个对应的值（value）。

例如，假设我们有一个列表，其中是一些人和他们最喜爱的运动。我们可以把这个信息放到 Python 的列表中，名字在前，他们最喜爱的运动在后，如下所示：

```
>>> favorite_sports = ['Ralph Williams, Football',
                       'Michael Tippett, Basketball',
                       'Edward Elgar, Baseball',
                       'Rebecca Clarke, Netball',
                       'Ethel Smyth, Badminton',
                       'Frank Bridge, Rugby']
```

如果我问你 Rebecca Clarke 最喜爱的运动是什么，你可能要浏览这个列表才能找到答案：无挡板篮球（Netball）。但是如果列表中有 100 个（或者更多）人呢？

现在，如果我们把同样的信息放到字典中，把人名作为键，把他们喜爱的运动作为值，那么 Python 代码看起来是这样的：

```
>>> favorite_sports = {'Ralph Williams' : 'Football',
                       'Michael Tippett' : 'Basketball',
                       'Edward Elgar' : 'Baseball',
                       'Rebecca Clarke' : 'Netball',
                       'Ethel Smyth' : 'Badminton',
                       'Frank Bridge' : 'Rugby'}
```

我们用冒号把每个键和它的值分开，每个键和值都分别用单引号括起来。还要注意字典中的所有元素是用大括号（{}）括起来的，而不是圆括号或者方括号。这样做的结果就得到了一个字典（每个键对应一个特定的值），如表 3-1 所示。

表 3-1　最喜爱运动对照表中的键和所指向的值

键	值
Ralph Williams	Football
Michael Tippett	Basketball
Edward Elgar	Baseball
Rebecca Clarke	Netball
Ethel Smyth	Badminton
Frank Bridge	Rugby

现在，如果想知道 Rebecca Clarke 最喜爱的运动，我们可以通过用她的名字作为键来访问我们的字典 favorite_sports，就像这样：

```
>>> print(favorite_sports['Rebecca Clarke'])
Netball
```

结果是无挡板篮球。

想要删除字典中的值，就要用到它的键。下面展示如何删除 Ethel Smyth：

```
>>> del favorite_sports['Ethel Smyth']
>>> print(favorite_sports)
{'Rebecca Clarke': 'Netball', 'Michael Tippett': 'Basketball',
'Ralph Williams': 'Football', 'Edward Elgar': 'Baseball',
'Frank Bridge': 'Rugby'}
```

要替换字典中的值，也要用到它的键。假设我们需要把 Ralph Williams 最喜爱的运动从足球改成了冰球。可以像下面这样：

```
>>> favorite_sports['Ralph Williams'] = 'Ice Hockey'
>>> print(favorite_sports)
{'Rebecca Clarke': 'Netball', 'Michael Tippett': 'Basketball',
'Ralph Williams': 'Ice Hockey', 'Edward Elgar': 'Baseball',
'Frank Bridge': 'Rugby'}
```

我们用 Ralph Williams 作为键，把他最喜爱的运动从足球改成了冰球。

如你所见，使用字典与使用列表和元组类似，只是你不能用 + 运算符来把两个字典连在一起。如果你试一下的话就会看到一条错误信息：

```
>>> favorite_sports = {'Rebecca Clarke': 'Netball',
                       'Michael Tippett': 'Basketball',
                       'Ralph Williams': 'Ice Hockey',
                       'Edward Elgar': 'Baseball',
                       'Frank Bridge': 'Rugby'}
>>> favorite_colors = {'Malcolm Warner' : 'Pink polka dots',
                       'James Baxter' : 'Orange stripes',
                       'Sue Lee' : 'Purple paisley'}
>>> favorite_sports + favorite_colors

Traceback (most recent call last):
File "<pyshell>", line 1, in <module>
    favorite_sports + favorite_colors
TypeError: unsupported operand type(s) for +: 'dict' and 'dict'
```

在 Python 中，连接两个字典没有意义，所以它只能放弃。

3.5　你学到了什么

在这一章中，你学到了 Python 是如何用字符串来保存文字的，以及它是如何用列表和元组来处理多个元素的。你明白了列表中的元素可以改变，并且你可以把一个列表和另一个列表连在一起，但是元组中的值是不能改变的。你还学到了如何用字典来保存值，还有用来标识它们的键。

3.6　编程小测验

下面是几个试验，你可以自己试一试。

#1：你的爱好

把你的爱好列出来，并为这个列表起一个变量名 games。现在把你喜欢的食物列出来，起一个变量名 foods。把这两个列表连在一起并把结果命名为 favorites。最后，把变量 favorites 打印出来。

#2：战士计数

如果有三座建筑，每座的房顶藏有 25 个忍者，还有 2 个地道，每个地道里藏有 40 个武士，那么一共有多少个忍者和武士准备投入战斗？（你可以在 Python Shell 程序里用一个算式做出来。）

#3：打招呼

创建两个变量：一个指向你的姓一个指向你的名。创建一个字符串，用占位符使用这两个变量来打印带有你名字的信息，比如"你好，郑尹加！"。

#4：多行字符串显示一封信

我们在本章前面完成了一封信，尝试只调用一次 print 函数（和一个多行字符串）来打印完全相同的文本。

第 4 章

海龟作图

    Python 中的海龟并不是真实世界中的海龟。我们知道，海龟是移动很慢的爬行动物，它把自己的房子（也就是龟壳）背在背上。在 Python 世界中，"海龟"指的是在屏幕上缓慢移动的一个小小的黑色箭头。实际上，我们可以想象一只 Python 小海龟在屏幕上移动，同时在身后留下一条轨迹，与其说它像一只小海龟，还不如说它更像是一只蜗牛。在本章中，我们通过使用Python的海龟作图绘制一些简单的形状和线条，以学习计算机绘图的基本知识。

4.1 使用 Python 的 turtle 模块

在 Python 中，程序员通过模块的方式来提供一些有用的代码，以供其他人使用（也就是说，模块可以包含供我们使用的函数）。
在第 7 章中，我们将学习更多关于模块和函数的知识。turtle 是 Python 中的一个特殊模块，我们可以使用它来学习计算机是如何在屏幕上绘制图形的。turtle 模块是实现矢量图形编程的一种方式，主要用来绘制简单的直线、点和曲线。

我们来看一下海龟作图是如何工作的。首先，启动 Python Shell。接下来，导入 turtle 模块，告诉 Python 使用海龟作图，如下所示：

```
>>> import turtle
```

导入模块就是告诉 Python，我们想要使用这个模块。

4.2 创建一个画布

我们已经导入了 turtle 模块，接下来需要创建可以在上面绘画的一个空白区域，它有点像艺术家的画布。为了做到这点，我们调用 turtle 模块的 Turtle 函数，该函数会自动创建一个画布（我们将在第 7 章学习关于函数的更多知识）。在 Python Shell 中输入：

```
>>> t = turtle.Turtle()
```

你将看到一个空白的窗口（画布），在窗口中央有个箭头，如图 4-1 所示。屏幕中央的箭头就是"小海龟"，瞧，它看上去并不太像小海龟。

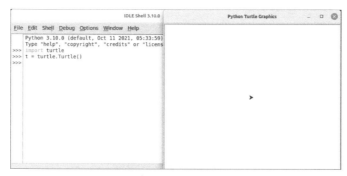

图 4-1 在 Shell 中运行海龟作图

NOTE 如果 turtle 模块不能工作，附录 C 给出了一些额外的操作步骤，你可以
尝试一下。

4.3 移动海龟

我们可以在刚刚创建的变量 t 上调用各
种可用的函数，向小海龟发送指令，这就类
似于调用 turtle 模块中的 Turtle 函数。例如，
指令 forward 告诉小海龟向前移动。要让海
龟向前移动 50 个像素，输入如下命令：

```
>>> t.forward(50)
```

执行效果如图 4-2 所示。

小海龟向前移动了 50 个像素。像素就是屏幕上单个的点，它是可以看到的最
小元素，如图 4-3 所示。我们在显示器上看到的一切都是由像素构成的，它们是微
小的、正方形的点。如果你能够把画布以及小海龟所绘制的直线放大，你就能够看
到表示海龟路径的箭头其实就是一堆像素。这就是简单计算机图形技术的基础。

图 4-2　在 Shell 中运行海龟作图

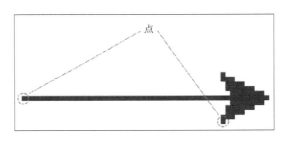

图 4-3　像素和点

现在，我们通过如下的命令，让小海龟向左转 90°：

```
>>> t.left(90)
```

如果你还不了解度这个概念，想象一下，你站在一个圆的中央：

* 你所面对的方向就是 0；
* 如果你伸出左臂，所指的方向就是向左 90°；
* 如果你伸出右臂，所指的就是向右 90°。

从图 4-4 可以看出向左转 90° 或向右转 90° 的含义。

如果从右臂所指的方向继续向右转圈，180° 刚好就是此时你后背所朝向的方向；270° 刚好就是左手指向的方向，而 360° 就回到了开始的位置，这就是从 0 到 360° 对应的各个位置。在图 4-5 中，我们标注出了向右旋转时每次增加 45° 的一整圈的度数。

 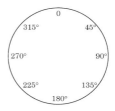

图 4-4　向左转 90° 和向右转 90°　　　　　图 4-5　每次增加 45°

当 Python 的小海龟向左转，它就指向新的方向（这就像你将身体转向手臂所指的向左 90° 的方向）。t.left(90) 命令将箭头指向屏幕中朝上的方向（注意，最初箭头指向左的），如图 4-6 所示。

当调用 t.left(90) 时，就小海龟最终面朝的方向而言，和调用 t.right(270) 的效果是一样的。调用 t.right(90) 等同于调用 t.left(270)，这一说法也是成立的。只需要想象一下圆以及沿着一整圈的度数变化，就能搞明白了。

现在，我们来画一个正方向。在已经输入的代码之后，继续添加如下的代码：

```
>>> t.forward(50)
>>> t.left(90)
>>> t.forward(50)
>>> t.left(90)
>>> t.forward(50)
>>> t.left(90)
```

海龟作图现在绘制了一个正方形，并且它面向的方向就是最初的方向，如图 4-7 所示。

 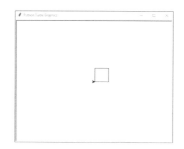

图 4-6　海龟作图执行左转之后　　　　　图 4-7　用海龟作图绘制了一个正方形

要擦除画布，输入 t.reset()。这条命令会擦除画布，并且把小海龟放回到它初始的位置。

```
>>> t.reset()
```

也可以使用 t.clear() 命令，它只会清空屏幕，小海龟还是留在之前的位置。

```
>>> t.clear()
```

我们也可以让海龟向右转或者向后转。我们可以使用 up 命令把画笔抬起离开纸面（也就是说，告诉小海龟停止绘画），也可以使用 down 命令再次开始绘画。这些函数的用法和前面其他函数的方法是一样的。

接下来，我们使用这些指令来绘制另一个图。这次，我们让小海龟绘制两条线段。输入如下所示的代码：

```
>>> t.reset()
>>> t.backward(100)
>>> t.up()
>>> t.right(90)
>>> t.forward(20)
>>> t.left(90)
>>> t.down()
>>> t.forward(100)
```

首先，我们使用 t.reset()，重置画布并让小海龟回到起始的位置。接下来，我们使用 t.backward(100) 让小海龟向后移动 100 个像素，然后使用 t.up() 抬起画笔并停止绘图。

然后，我们使用 t.right(90) 命令，让小海龟向右旋转 90° 指向屏幕下方，使用 t.forward(20) 命令让小海龟向屏幕下方前进 20 个像素。在第 3 行代码中我们使用了 up 命令，所以在画布上什么都没有留下。我们使用 t.left(90) 让小海龟向左旋转 90° 面向屏幕右方，然后使用 down 命令告诉海龟再次开始绘制。最后，我们使用 t.forward(100) 绘制了一条线段，它和我们前面绘制的线段平行。我们绘制的两条平行线看上去如图 4-8 所示。

图 4-8　用海龟作图绘制平行线

4.4　你学到了什么

在本章中，我们学习了如何使用 Python 的 turtle 模块。我们使用 left、right、forward 和 backward 命令绘制了一些简单的线条。我们还介绍了如何使用 up 命令来停止绘制，用 down 命令再次开始绘制。我们还介绍了海龟按照度数来旋转方向。

4.5　编程小测验

尝试用海龟作图绘制下列形状。

#1：一个矩形

使用 turtle 模块的 Turtle 函数创建一个新的画布，然后绘制一个矩形。

#2：一个三角形

创建另一个画布并绘制一个三角形。回顾一下带度数的那张圆形图（图 4-5），记住该让小乌龟转向哪个方向。

#3：不带角的方形

编写程序，绘制图 4-9 所示的 4 条线段（长度不重要，只要能绘制出形状即可）。

#4：不带角的斜方形

编写程序，绘制图 4-10 所示的 4 条线段（类似于习题 3，但是这个方形的边是斜的。线段的长度同样不重要，只要能绘制出形状即可）。

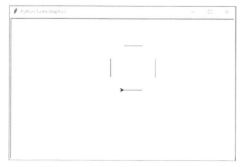

图 4-9　用海龟绘图绘制的方形

图 4-10　不带角的斜方形

第5章

用 if 和 else 来提问

在编写程序时，我们经常要问是与否的问题，然后根据答案决定做什么事情。例如，我们可能会问："你的年纪大于20岁吗？"如果答案是"是"，则回应："你太老了！"这类问题叫作"条件"问题，我们会把这些条件和回应结合到 if（如果）语句中。条件语句可以比单个问题更复杂，if 语句也可以合并多个问题以及依据每个问题的不同答案来做出不同的回应。

在这一章中，你会学习如何用 if 语句来写程序。

5.1 if 语句

在 Python 中 if 语句可以这样写：

```
>>> age = 13
>>> if age > 20:
        print('You are too old!')
```

if 语句是由 if 关键字构成的，后面跟着一个条
件和一个冒号（:），例如 if age > 20:。冒号之后
的代码行必须放到一个语句块中，如果问题的答案是
"是"的话（用 Python 编程的术语来讲就是 True，也就
是"真"），就会运行语句块中的命令。现在，让我们
来看看如何写语句块和条件。

5.2 语句块就是一组程序语句

代码中的语句块（也叫代码块）就是组合在一起的一组程序语句。例如，当
if age > 20 为真时，你可能不只是想打印出 You are too old!（你太老了!），
也许你还想打印出一些别的句子，比如：

```
>>> age = 25
>>> if age > 20:
        print('You are too old!')
        print('Why are you here?')
        print('Why aren\'t you mowing a lawn or sorting papers?')
```

这个代码块由三个 print 语句组成，只有当条件 age > 20 为真时才会运行。
和前面的 if 语句相比，这个代码块中的每一行前面都有 4 个空格。让我们把空格
变得可见，再来看看这段代码：

```
>>> age = 25
>>> if age > 20:
 ···· print('You are too old!')
 ···· print('Why are you here?')
 ···· print('Why aren\'t you mowing a lawn or sorting papers?')
```

在 Python 中，空白是有意义的，比如制表符（当你按 Tab 键就输入了一个制
表符）或者空格（按空格键插入）。处于同一位置的代码（相对左边缩进了同样数
量的空格）组成了一个代码块。只要你新起一行并用了比前一行多的空格，那么你

就开始了一个新的代码块，这个代码块是前一个代码块的一部分，如图 5-1 所示。

我们把这些语句组合在一起因为它们是相关的。这些语句要一起运行。

当你改变缩进时，你其实就是在建立新的代码块。图 5-2 的例子仅通过改变缩进就建立了三个不同的代码块。

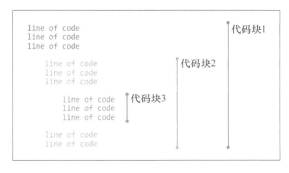

图 5-1　程序中的代码块

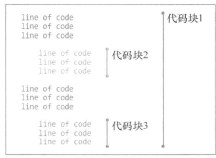

图 5-2　通过缩进改变代码块

在图 5-2 中，虽然代码块 2 和 3 有相同的缩进，但它们是不同的代码块，因为中间隔着一段缩进较少（更少的空格）的代码块。

还有一点要注意，在一个代码块中如果一行有 4 个空格而下一行有 6 个，这在运行时会产生一个缩进错误。因为 Python 期望你在一个代码块中对所有行使用相同数量的空格，如下所示：

```
>>> if age > 20:
···· print('You are too old!')
······ print('Why are you here?')
```

我把空格变得可见让你可以看出区别。请注意第二个 print 语句行有 6 个空格而不是 4 个。

如果你要运行这段代码，IDLE 会把它看到的错误的那一行用红色块标记起来，并且显示一条 SyntaxError 消息（语法错误）：

```
>>> age = 25
>>> if age > 20:
        print('You are too old!')
          print('Why are you here?')
SyntaxError: unexpected indent
```

Python 不希望看到第二个 print 语句行的前面多了两个空格。

NOTE 使用一致的空白（空格）会让你的代码更容易阅读。如果你开始写一段程序并且在代码块之前使用 4 个空格，那么你应该在你的程序中对其他代码块也保持使用 4 个空格。并且，要确保对于同一个代码块中的每一行都用同样数量的空格缩进。

5.3　条件语句帮助我们做比较

条件就是用来做比较的程序语句，它告诉我们比较的结果是真（True，或者说"是"）还是假（False，或者说"否"）。例如，age > 10 是一个条件，它就相当于："变量 age 的值比 10 大吗？"下面也是一个条件：hair_color == 'mauve'，就相当于问："变量 hair_color 的值是黑色吗？"

在 Python 里我们用符号（叫作"运算符"）来创建条件，比如等于、大于和小于。表 5-1 列出了一些用于条件的符号。

表 5-1　　　　　　　　　　　用于条件的符号

符号	定义
==	等于
!=	不等于
>	大于
<	小于
>=	大于等于
<=	小于等于

例如，如果你 10 岁了，那么条件 your_age == 10 就应该返回真，否则就返回假。如果你是 12 岁，那么条件 your_age > 10 就应该返回真。

NOTE 当定义等于条件时请务必用两个等于号（==）。

让我们再看几个例子。下面，我们把 age 设置为 10，然后写一个条件语句让它在 age 大于 10 的时候打印 You are too old for my jokes!（你年纪太大，看不懂我的笑话！）。

```
>>> age = 10
>>> if age > 10:
        print('You are too old for my jokes!')
```

把这段代码输入 IDLE 中然后按回车键会发生什么？

什么也不会发生。

因为 age 返回的值并不大于 10，Python 不会执行那句带 print 的语句块。然而，如果我们把变量 age 设置为 20，信息就应该会被打印。

现在让我们把前面的例子改成大于等于（>=）的条件：

```
>>> age = 10
>>> if age >= 10:
        print('You are too old for my jokes!')
```

你应该会看到屏幕上打印出 You are too old for my jokes!，因为 age 的值等于 10。

下面，我们尝试用一下等于（==）条件：

```
>>> age = 10
>>> if age == 10:
        print("He is a student!")
```

你应该在屏幕上看到 He is a student!（他是一个学生）。

5.4 if-then-else 语句

if 语句除了在条件满足时（为真时）可以用来做些事情，在条件不为真时也可以使用。例如，我们可以在你的年纪是 12 岁时在屏幕上打印一个消息，在不是 12 岁（为假）时打印另一个消息。

这里的技巧是使用 if-then-else 语句，它相当于说："如果某事为真，那么这样做；否则那样做。"让我们来创建一个 if-then-else 语句。在 Shell 程序中输入如下代码：

```
>>> print('Want to hear a joke?')
Want to hear a joke?
>>> age = 12
>>> if age == 12:
        print('A pig fell in the mud!')
    else:
        print("Shh. It's a secret.")

A pig fell in the mud!
```

因为我们把变量 age 设置为 12，然后条件又问 age 是不是等于 12，所以你应该在屏幕上看到第一条消息被打印。现在试着把变量 age 的值改成一个不是 12 的值，就像这样：

```
>>> print('Want to hear a joke?')
Want to hear a joke?
>>> age = 8
>>> if age == 12:
        print('A pig fell in the mud!')
    else:
        print("Shh. It's a secret.")

Shh. It's a secret.
```

这一回，你应该看到第二条消息。

5.5 if 和 elif 语句

我们还可以用 elif 来进一步扩展 if 语句，elif 是 else-if（否则 – 如果）的缩写。这些语句与 if-then-else 语句的不同之处在于，在同一个语句中可以有多个 elif。例如，我们可以确认一个人的年龄是不是 10、11 或 12（等等），然后根据不同答案做不同的事情。

```
>>> age = 12
>>> if age == 10:
        print('What do you call an unhappy cranberry?')
        print('A blueberry!')
    elif age == 11:
        print('What did the green grape say to the blue grape?')
        print('Breathe! Breathe!')
    elif age == 12:
        print('What did 0 say to 8?')
        print('Hi guys!')
    elif age == 13:
        print("Why wasn't 10 afraid of 7?")
        print('Because rather than eating 9, 7 8 pi.')
    else:
        print('Huh?')

What did 0 say to 8?
Hi guys!
```

在这个例子里，第二行的 if 语句检查变量 age 的值是不是等于 10。后面的 print

语句是在 age 等于 10 时运行的。然而，因为我们已经把 age 设置为 12，计算机会跳到下一个 if 语句并检查 age 的值是不是等于 11。它不等于，所以计算机就跳到了下一个 if 语句来检查 age 是不是等于 12。是的，所以这次计算机会执行 print 命令。

当你在 IDLE 程序中输入这些代码时，它会自动地缩进，因此记得在输入每个 print 语句之后按回格键（backspace）或删除（delete）键，这样你的 if、elif 还有 else 语句会靠在最左边。这和 if 语句除去提示符（>>>）后的缩进一样。

5.6　组合条件

你可以用关键字 and 和 or 把条件组合起来，这样会产生更加简短的代码。下面是一个使用 or 的例子：

```
>>> if age == 10 or age == 11 or age == 12 or age == 13:
        print('What is 13 + 49 + 84 + 155 + 97? A headache!')
    else:
        print('Huh?')
```

在这段代码中，如果第一行上的任意一个条件为真（也就是 age 是 10、11、12 或 13 时），下一行中以 print 开始的代码块将会运行。

如果第一行的那些条件都不为真，Python 会转到最后那行代码上执行，在屏幕上显示 Huh?。

为了让这个例子更简洁一点，我们可以用关键字 and，同时使用大于等于（>=）和小于等于（<=），如下：

```
>>> if age >= 10 and age <= 13:
        print('What is 13 + 49 + 84 + 155 + 97? A headache!')
    else:
        print('Huh?')
```

这里，如果 age 大于或等于 10，并且小于或等于 13，那么下一行以 print 开始的代码块就会运行。例如，如果 age 的值是 12，那么屏幕上就会打印出 What is 13 + 49 + 84 + 155 + 97? A headache!（13＋49＋84＋155＋97 等于什么？等于头痛！）因为 12 比 10 大并且比 13 小。

5.7　没有值的变量——None

就像我们可以给变量赋值为数字、字符串和列表一样，我们也可以给变量赋值为什么也没有，或者说空的值。在 Python 里，我们把空的值叫作 None。很重要的一点是要注意 None 和 0 是不同的，None 代表没有值，而不是一个值为 0 的数字。下面是将变量设置为 None 的一个例子：

```
>>> myval = None
>>> print(myval)
None
```

把空值None赋值给一个变量，就是告诉Python，这个变量不再拥有任何值（或者说这个变量不再标识一个值）。把一个变量设置为 None 也是一种定义变量却不用给它设置值的方法。如果你知道在后面的程序里将会用到一个变量，但是你希望一开始就定义所有的变量，那么你可能会这么做。

NOTE　　程序员经常在程序（或函数）的开头就定义变量，因为这样就很容易看到一段代码所用到的所有变量的名字。

你也可以在 if 语句中检查 None，就像下面这样：

```
>>> myval = None
>>> if myval is None:
        print("The variable myval doesn't have a value")

The variable myval doesn't have a value
```

如果你只是想计算尚未计算过的变量值，这种方法还是很有用的。在这种情况下，检查 None 就是告诉 Python 只在变量没有值的情况下进行计算。

5.8　字符串与数字之间的不同

"用户输入"就是人在键盘上输入的内容，可能是字符、按下的方向键或者回车键，或者其他任何东西。在 Python 中，用户输入是字符串，这也就是说当你在键盘上敲出数字 10 时，Python 把数字 10 作为一个字符串保存，而不是数字。

数字 10 和字符串 '10' 有什么区别呢？对我们来讲看上去都一样，只是其中一个被引号引了起来。但是对于计算机来讲，它们却大相径庭。

例如，假设我们要在一个 if 语句中比较变量 age 的值和一个数字，就像这样：

```
>>> if age == 10:
        print("What's the best way to speak to a monster?")
        print("From as far away as possible!")
```

然后我们把变量 age 设置为数字 10：

```
>>> age = 10
>>> if age == 10:
        print("What's the best way to speak to a monster?")
        print("From as far away as possible!")

What's the best way to speak to a monster?
From as far away as possible!
```

如你所见，print 语句被执行了。

接下来，我们把 age 设置成字符串 '10'（带引号），像这样：

```
>>> age = '10'
>>> if age == 10:
        print("What's the best way to speak to a monster?")
        print("From as far away as possible!")

>>>
```

在这里，代码中的 print 语句没有运行，因为 Python
没有把这个字符串当成一个数字。

幸运的是，Python 中有函数可以把字符串变成数字，
或者把数字变成字符串。例如，你可以用 int 函数把字符
串 '10' 转换成数字：

```
>>> age = '10'
>>> converted_age = int(age)
```

现在变量 converted_age 中的值就是数字 10 了（而不是一个字符串）。

要把数字转换成字符串，用 str：

```
>>> age = 10
>>> converted_age = str(age)
```

在这个例子里，converted_age 就是字符串 '10' 而不是数字 10 了。

还记得上次当我们把变量设置为字符串（age = '10'）的时候，if age == 10
那段代码什么也没有打印出来吗？如果我们先把变量转换一下，那将会得到完全不同
的结果：

```
>>> age = '10'
>>> converted_age = int(age)
>>> if converted_age == 10:
```

```
        print("What's the best way to speak to a monster?")
        print("From as far away as possible!")

What's the best way to speak to a monster?
From as far away as possible!
```

但要注意：如果你想要转换带小数点的数字（也叫作浮点数，因为这个小数点可以在数字之间移动），那么你会得到一条错误信息，因为 int 函数需要的是一个整数（没有小数部分的数字）。如下：

```
>>> age = '10.5'
>>> converted_age = int(age)
Traceback (most recent call last):
    File "<pyshell#35>", line 1, in <module>
        converted_age = int(age)
ValueError: invalid literal for int() with base 10: '10.5'
```

Python 用 ValueError 来告诉你，你所尝试用的值是不恰当的。改正的方法是用 float 来代替 int。float 函数可以处理不是整数类型的数字，如下：

```
>>> age = '10.5'
>>> converted_age = float(age)
>>> print(converted_age)
10.5
```

如果你要把没有数字的字符串转成数字的话也会得到 ValueError 错误：

```
>>> age = 'ten'
>>> converted_age = int(age)
Traceback (most recent call last):
    File "<pyshell#1>", line 1, in <module>
        converted_age = int(age)}
ValueError: invalid literal for int() with base 10: 'ten'
```

因为我们使用英文的 ten 而不是数字，Python 认为这是错误。

5.9　你学到了什么

在这一章里，你学到了如何用 if 语句来创建只有在某些特定条件为真时才执行的语句块。你还看到了如何用 elif 来扩展 if 语句，让不同的条件可以执行不同的语句段，还有如何用关键字 else 在这些条件都不为真时执行另一段代码。你还学到了如何用关键字 and 和 or 来把条件组合起来，这样就可以判断数字是否在某个范围里。我们还学到了如何用 int、str 和 float 在字符串与数字之间转换。你还发现了 None 可以用来把变量重置为它初始为空的状态。

5.10 编程小测验

用 if 语句和条件完成下面的测验。

#1: 你是富翁吗?

你认为下面的代码会输出什么?试着先给出答案,不要在 Shell 程序中输入下面的代码。然后再验证一下你的答案对不对。

```
>>> money = 2000
>>> if money > 1000:
        print("I'm rich!!")
    else:
        print("I'm not rich!!")
            print("But I might be later...")
```

#2: 小蛋糕

创建一个 if 语句来检查小蛋糕的数量(放在变量 twinkies 中)是否少于 100 或者大于 500。如果这个条件为真的话你的程序就会打印出消息 Too few or too many(不是太少就是太多)。

#3: 数字刚刚好

创建一个 if 语句检查变量 money 包含的钱的数量是在 100 和 500 之间,还是在 1 000 和 5 000 之间。

#4: 我打得过那些忍者

创建一个 if 语句,在变量 ninjas 所包含的数字小于 50 时打印 That's too many(太多了),在数字小于 30 时打印 It'll be a struggle, but I can take them(有点难,不过我能应付),在数字小于 10 时打印 I can fight those ninjas!(我打得过那些忍者!)。用下面这个情况来试试你的代码:

```
>>> ninjas = 5
```

第6章
循环

　　没有什么比不停地重复做同一件事情更糟糕的了。这就是为什么人们在失眠的时候会数绵羊，不过这个道理其实并不是因为羊这种动物会让人昏昏欲睡。这是因为不停地重复做一件事很无聊，当你没有关注某些有趣的事情时，你的大脑更容易入睡。

程序员们同样也不喜欢重复地做事情，除非他们想马上睡着。谢天谢地，大多数编程语言都有一种叫 for 循环的东西，它可以自动地重复一些程序语句和语句块等。

在这一章中，我们会学习 for 循环，以及 Python 所提供的另一种循环：while 循环。

6.1　使用 for 循环

在 Python 中要打印 5 次 hello，你可以这样做：

```
>>> print('hello')
hello
>>> print('hello')
hello
>>> print('hello')
hello
>>> print('hello')
hello
>>> print('hello')
hello
```

可是这样太啰嗦。其实你可以用 for 循环来减少需要输入的字数和重复工作。就像这样：

```
❶ >>> for x in range(0, 5):
❷        print('hello')
  hello
  hello
  hello
  hello
  hello
```

在 ❶ 处的 range 函数用来创建一个数字的列表，它的范围是从起始数字开始到结束数字之前。这听起来可能有点令人困惑。让我们把 range 函数和 list 函数结合起来看看它到底是怎么工作的。range 函数并不是真地创建了一个数字的列表，它返回的是一个"迭代器"，它是 Python 中一种专门用来与循环一起工作的对象。然而，如果我们把 range 和 list 结合起来，我们会得到一个数字的列表：

```
>>> print(list(range(10, 20)))
[10, 11, 12, 13, 14, 15, 16, 17, 18, 19]
```

在这个 for 循环的例子中，for x in range(0,5): 实际上是告诉 Python 做下面这些事情。

• 从 0 开始数，在数到 5 之前结束。
• 对于其中每个数都把它存放到变量 x 中。

然后 Python 会执行 print('hello') 语句。注意在第 ❷ 处前面多了 4 个空格（和第 ❶ 处比）。IDLE 应该会自动帮你缩进。

当我们在第二行的后面按下回车键时，Python 把 hello 打印了 5 次。

我们也可以在 print 语句中用 x 来计算 hello 的个数：

```
>>> for x in range(0, 5):
        print(f'hello {x}')
hello 0
hello 1
hello 2
hello 3
hello 4
```

如果我们再把 for 循环拿掉，代码可能看上去就像这样：

```
>>> x = 0
>>> print(f'hello {x}')
hello 0
>>> x = 1
>>> print(f'hello {x}')
hello 1
>>> x = 2
>>> print(f'hello {x}')
hello 2
>>> x = 3
>>> print(f'hello {x}')
hello 3
>>> x = 4
>>> print(f'hello {x}')
hello 4
```

可知，使用循环事实上帮我们少写了 8 行额外的代码。好的做法是，避免重复做同一件事情，因此 for 循环是编程语言中最常用的语句之一。

你不用非得在 for 循环中使用 range。你也可以使用一个已经创建好的列表，比如第 3 章中的采购清单，如下：

```
>>> wizard_list = ['spider legs', 'toe of frog', 'snail tongue',
                   'bat wing', 'slug butter', 'bear burp']
```

```
>>> for ingredient in wizard_list:
        print(ingredient)
spider legs
toe of frog
snail tongue
bat wing
slug butter
bear burp
```

这段代码就是说："对于 wizard_list 中的每个元素，把它的值放到变量 i 里，然后打印出这个变量的内容。"同样，如果我们把 for 循环拿掉，我们就不得不这么做：

```
>>> wizard_list = ['spider legs', 'toe of frog', 'snail tongue',
                   'bat wing', 'slug butter', 'bear burp']
>>> print(wizard_list[0])
spider legs
>>> print(wizard_list[1])
toe of frog
>>> print(wizard_list[2])
snail tongue
>>> print(wizard_list[3])
bat wing
>>> print(wizard_list[4])
slug butter
>>> print(wizard_list[5])
bear burp
```

所以这次循环又帮我们少打了很多字。

让我们再建立一个循环。把下面的代码输入 Shell 程序里。它应该会自动帮你缩进代码：

```
>>> hugehairypants = ['huge', 'hairy', 'pants']
>>> for i in hugehairypants:
        print(i)
        print(i)

huge
huge
hairy
hairy
pants
pants
```

在第一行，我们建立了一个列表，内容为'huge'、'hairy' 和 'pants'。在下面一行，我们对列表中的元素进行循环，并把每个值都赋给变量 i。在接下来的两行代码中我们把变量中的内容打印了两次。在后面的空行按回车键来告诉 Python 这个语句块结束了。然后代码就会运行并把列表中的每个元素打印两次。

请记住如果你输入的空格个数不对的话你将会得到一个错误信息。如果你在上面代码的第 4 行多输入一个空格，Python 会显示一个缩进错误：

```
>>> hugehairypants = ['huge', 'hairy', 'pants']
>>> for i in hugehairypants:
        print(i)
         print(i)

IndentationError: unexpected indent
```

正如你在第 5 章中所学到的，Python 期望一个语句块前的空格数是一致的。不论你插入多少个空格，只要对每一行都用同样的数量就行（当然这还会让代码更易读）。

下面是一段更复杂一点的 for 循环的例子，它有两个语句块：

```
>>> hugehairypants = ['huge', 'hairy', 'pants']
>>> for i in hugehairypants:
        print(i)
        for j in hugehairypants:
            print(j)
```

这些语句块在哪里？第一个语句块在第一个 for 循环中：

```
hugehairypants = ['huge', 'hairy', 'pants']
for i in hugehairypants:
    print(i)                    #
    for j in hugehairypants:  # These lines are the FIRST block.
        print(j)                #
```

第二个语句块是第二个 for 循环的那一行 print 语句：

```
hugehairypants = ['huge', 'hairy', 'pants']
for i in hugehairypants:
    print(i)
```

```
for j in hugehairypants:
    print(j)                        # This line is also the SECOND block.
```

你能搞明白这一小段代码要做什么吗？

在创建了一个叫 hugehairypants 的列表之后，我们可以知道在下面的两行代码中程序会按这个列表中的元素循环并打印每个元素。然而，在 for j in hugehairypants 中会再次对这个列表进行循环，这次把值赋给变量 j，然后再次把每个元素打印出来。最后两行代码仍是第一个 for 循环的一部分，也就是说 for 循环在遍历列表时每次都会执行它们。

因此，当这段代码运行时，我们会看到 huge 后面跟着 huge、hairy、pants，然后是 hairy，后面跟着 huge、hairy、pants，等等。

把代码输入 Python Shell 程序中自己看看结果吧：

```
>>> hugehairypants = ['huge', 'hairy', 'pants']
>>> for i in hugehairypants:
        print(i)
        for j in hugehairypants:
            print(j)

→ huge
  huge
  hairy
  pants
→ hairy
  huge
  hairy
  pants
→ pants
  huge
  hairy
  pants
```

Python 进入第一个循环并打印出列表中的一个元素。接下来，它进入第二个循环并打印出列表中的所有元素。然后它继续执行 print(i) 命令，打印列表中的第二个元素，然后再用内部循环中的 print(j) 打印整个列表。最后，它使用 print(i) 打印了列表中的第三个元素，然后在内部循环中打印了完整的列表。在输出中，标记了 → 的行是由 print(i) 语句打印的。没有标记的行是由 print(j) 打印的。

与其打印这些胡言乱语，不如做些更有意义的事情。还记得在第 2 章中我们运行的那个算式吗？就是如果你用爷爷的疯狂发明复制金币的话，在一年后你将拥有多少金币的那个算式。它看起来是这个样子的：

```
>>> found_coins + magic_coins * 365 - stolen_coins * 52
```

它表示发现的 20 枚金币，再加上 10 个魔法金币与一
年 365 天的乘积，然后减去每周被乌鸦偷走的 3 枚金币。

说不定你需要看到这堆金币每周是如何增长的。我
们可以使用另一个 for 循环。但首先，我们需要改变变量
magic_coins 的值，让它表示每周产生魔法金币的总个
数。那就是每天 10 个魔币乘以一周的 7 天，所以 magic_
coins 应该是 70：

```
>>> found_coins = 20
>>> magic_coins = 70
>>> stolen_coins = 3
```

我们可以看到，每周的财富增长是通过创建另一个叫作 coins 的变量并使用
一个循环来体现的：

```
    >>> found_coins = 20
    >>> magic_coins = 70
    >>> stolen_coins = 3
❶  >>> coins = found_coins
    >>> for week in range(1, 53):
            coins = coins + magic_coins - stolen_coins
            print(f'Week {week} = {coins}')
```

在第 ❶ 处，变量 coins 先载入变量 found_coins（发现的金币）的值，这
是我们起始的数字。在下一行建立 for 循环，它执行语句块中的命令。每次循环，
变量 week（周）都会载入从 1 至 52 中的一个数字。

包含 coins = coins + magic_coins - stolen_coins 的代码行有点
复杂。每周我们要加上魔法创造的金币个数并减去乌鸦偷走的个数。把变量 coins
想象成一个装宝贝的箱子。每一周，新的金币都会被装入箱子。所以这一行实际上
的意思是"把变量 coins 的内容替换成当前的金币数加上这周新造出来的数量。"
等于符号（=）相当于是一个发号施令的代码，它命令"先计算出右边的某个结果，
然后用左边的名字保存这个结果供以后使用。"

print 语句在屏幕上打印出周数和到目前为止的总金币数（请参见 3.1.3 节）。
如果你运行这个程序，你会看到图 6-1 所示的结果。

图 6-1 程序运行结果

6.2 还有一种 while 循环

`for` 循环不是 Python 里唯一的循环方式，还有 while 循环。`for` 循环是针对指定长度的循环，而 while 循环则用于你事先不知道何时停止循环的情况。

想象一个楼梯有 20 个台阶。楼梯在室内，并且你知道爬 20 个台阶很容易。这就像是一个 `for` 循环：

```
>>> for step in range(0, 20):
        print(step)
```

接下来想象一个山坡上的楼梯。山非常高，你可能没爬到山顶就没力气了，也可能天气突然变坏使你必须停下来。这就像是一个 while 循环：

```
step = 0
while step < 10000:
    print(step)
    if tired == True:
        break
    elif badweather == True:
        break
    else:
        step = step + 1
```

如果你输入并运行这段代码，你会看到一个错误信息。为什么？这个错误是因为我们还没有建立变量 tired（累了）和 badweather（坏天气）。尽管这些代码不足以真正运行起来，但它还是能给我们当作一个基本的 while 循环的例子。

我们一开始先通过 step=0 创建一个叫 step（台阶）的变量。接下来，我们创建一个 while 循环，检查变量 step 的值是不是小于 10 000（step <10000），10 000 假设是从山脚到山顶的总台阶数。只要台阶数小于 10 000，Python 就会执行其他的代码。

我们通过 print(step) 打印 step 的值，然后用 if tired == True 条件来检查变量 tired 的值是否为真。如果是真，我们用关键字 break（打断）来退出循环。关键字 break 用来立刻从循环中跳出来（或者说让循环停下来），它对于 for 循环和 while 循环同样适用。

在这个示例中，break 会让 Python 跳出语句块，并跳过 step = step + 1 那一行。

语句 elif badweather == True: 检查变量 badweather 是否被设为真。如果是，则用 break 关键字来退出循环。如果 tired 和 badweather 都不为真，那么我们用 step = step + 1 的方式把变量 step 加 1，然后继续循环。

while 循环有以下几个步骤。

1. 检查条件。
2. 执行语句块中的代码。
3. 重复。

更常见的情况是 while 循环由几个条件组成，而不只是一个，例如：

```
>>> x = 45
>>> y = 80
>>> while x < 50 and y < 100:
        x = x + 1
        y = y + 1
        print(x, y)
```

这里，我们创建了变量 x，它的值是 45，创建了变量 y，它的值是 80。循环检查两个条件：x 是否小于 50 以及 y 是否小于 100。当两个条件都为真时，接下来的几行代码就会被执行，把两个变量都加 1 并把它们打印出来。下面是这段代码的输出：

```
46 81
47 82
48 83
49 84
50 85
```

你能弄明白它是如何工作的吗？

对于变量 x 我们从 45 开始计数，对于变量 y 从 80 开始计数，然后每次执行循环时它们都增加（每个变量加 1）。只要 x 小于 50 并且 y 小于 100 循环就会执行。在循环了 5 次后（其间每次每个变量都会加 1），x 的值达到了 50。现在，第一个条件（x < 50）不再为真，所以 Python 知道是时候停止循环了。

while 循环的另一个作用是创建"半永久"的循环。这种循环可能会永远执行下去，但实际上它会继续到代码中有什么事发生，然后从里面跳出来。下面是一个例子：

```
while True:
    lots of code here
    lots of code here
    lots of code here
    if some_value == True:
        break
```

这里对于 while 循环的条件就是 True，它会永远为真，因此语句块中的代码总会被执行（所以这是一个永远的循环）。只有当变量 some_value 为真时 Python 才会从循环中跳出来。

6.3　你学到了什么

在这一章里，我们用两种循环来执行重复的任务：for 循环和 while 循环，它们很相似但使用方法不同。我们通过循环里面的代码块告诉计算机希望重复执行什么任务。我们还使用了关键字 break 来停止循环。

6.4　编程小测验

下面是一些关于循环的例子，你可以自己试一试。

#1：Hello 循环

你认为下面这段代码会做什么？首先猜猜会发生什么，然后在 Python 里执行一下这段代码来看看你猜的对不对。

```
>>> for x in range(0, 20):
        print(f'hello {x}')
        if x < 9:
            break
```

#2：偶数

创建一个循环来打印偶数，直到到达你的年龄为止。如果你的年龄是个奇数的话，就打印奇数直到你的年龄为止。例如，结果可能是这样的：

```
2
4
6
8
10
12
14
```

#3：我最喜爱的 5 种食材

创建一个列表，它包含 5 种不同的制作三明治的材料，比如：

```
>>> ingredients = ['snails', 'leeches', 'gorilla belly-button lint',
                   'caterpillar eyebrows', 'centipede toes']
```

现在创建一个循环来打印这个列表（包括数字）：

```
1 snails
2 leeches
3 gorilla belly-button lint
4 caterpillar eyebrows
5 centipede toes
```

#4：你在月球上的体重

如果你现在正站在月球上，你的体重只相当于在地球上的 16.5%。你可以通过把你在地球上的体重乘以 0.165 来计算。

如果在接下来的 15 年里，你每年增长一公斤，那么从现在到 15 年后你每年访问月球时的体重都是多少？用 for 循环写一个程序，来打印出你每年在月球上的体重。

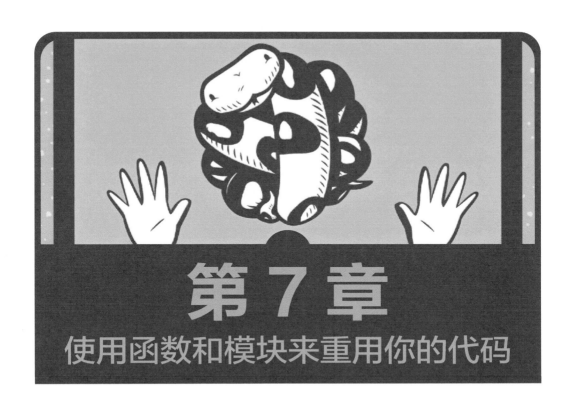

第7章
使用函数和模块来重用你的代码

想一想你每天丢掉多少东西：矿泉水瓶、可乐罐、薯片袋子、包三明治的塑料纸、包胡萝卜条或苹果片的袋子、购物袋、报纸、杂志等。现在想想，如果把这些垃圾不区分纸张、塑料还是易拉罐什么的，一股脑都地堆在你前进的方向上，那会是什么样的情景。

当然，你可能会尽量回收重用，这很好，因为没人想爬过垃圾山才能去学校。我们并没有坐在超级大的垃圾堆里是因为你回收的那些玻璃瓶被熔化掉重新做成了罐子和瓶子，纸张被做成了再生纸，塑料会被做成更重些的塑料制品。因此我们要重新利用那些本来要被扔掉的东西。

在编写程序的世界里，重用也同样重要。显然，你的代码不会跑到垃圾堆里去，但如果你不重复利用你现在做的事情，那么最终你会打字打到手指酸痛。重用还会使你的代码变得简短而易读。

你将在这一章里学到 Python 提供的多种重用代码的方式。

7.1 使用函数

"函数"是一段代码，它让 Python 做某些事情。函数是重用代码的一种方式——你可以在你的程序里多次使用函数。Python 有许多可用的函数，我们把这些函数叫作内置函数（关于内置函数的更多内容，参见附录 B）。模块中也有一些可用的函数（下面将详细介绍），我们甚至可以自己编写函数。

在前一章中，我们已经开始学习关于函数的相关知识，我们用函数 range 和 list 来让 Python 计数：

```
>>> list(range(0, 5))
[0, 1, 2, 3, 4]
```

只要你会数数，那么自己打字来创建一个连续数字的列表并不难。但是这个列表越大，你需要打的字就越多。然而，如果你用函数的话，你可以用非常简单的方式来创建一个有上千个数字的列表。

下面的列表是使用 list 和 range 函数生成的一个数字列表：

```
>>> list(range(0, 1000))
[0, 1, 2, 3, 4, 5, 6, 7, 8, 9, 10, 11, 12, 13, 14, 15, 16..., 997, 998, 999]
```

当你写一些简单的程序时，用函数很方便。一旦当你开始写长一些的、更复杂的程序时，比方说游戏程序，函数就更加必不可少了（如果你想在本世纪之内完成的话）。

我们来看一下如何编写自己的函数。

7.1.1 函数的组成部分

一个函数由三个部分组成：名字、参数，还有函数体。下面的例子是一个简单的函数：

```
>>> def testfunc(myname):
        print(f'hello {myname}')
```

这个函数的名字叫 testfunc。它只有一个参数，叫 myname。它的函数体就是紧接着由 def 开始的那一行的代码块。def 是 define（定义）的缩写。参数是一个变量，只有使用函数的时候才存在。

你可以通过调用函数的名字来使用它，用括号把它的参数值括起来：

```
>>> testfunc('Mary')
hello Mary
```

函数可以有任意多个参数：

```
>>> def testfunc(fname, lname):
        print(f'Hello {fname} {lname}')
```

当使用多个参数时，确保用逗号分开参数：

```
>>> testfunc('Mary', 'Smith')
Hello Mary Smith
```

我们也可以先创建一些变量，然后在调用函数时使用它们：

```
>>> firstname = 'Joe'
>>> lastname = 'Robertson'
>>> testfunc(firstname, lastname)
Hello Joe Robertson
```

函数常常需要返回一个值，这就用到了 return（返回）语句。例如，你可以写一个函数来计算你存下来多少钱：

```
>>> def savings(pocket_money, paper_route, spending):
        return pocket_money + paper_route - spending
```

这个函数有三个参数。它把前两项相加（pocket_money 和 paper_route）然后减去最后那个参数（spending）。计算的结果被返回，这个结果可以赋给一个变量（和我们给其他变量赋值的方式一样）或者打印出来：

```
>>> print(savings(10, 10, 5))
15
```

我们传入了 10、10 和 5 作为参数，savings 函数通过计算得到的结果是 15，然后返回了这个值。

7.1.2 变量和作用域

函数体内的变量在函数执行结束后就不能再用了，因为它只在函数中存在。在编写程序的世界里，一个变量可以在某些地方使用被称为"作用域"。

让我们来看一个简单的函数：

```
>>> def variable_test():
        first_variable = 10
        second_variable = 20
        return first_variable * second_variable
```

在这个例子里，我们创建了一个名为 variable_test 的函数，这个函数把两个变量（first_variable 及 second_variable）相乘并返回结果：

```
>>> print(variable_test())
200
```

如果我们用 print 来调用这个函数，我们得到的结果是 200。然而，如果我们想要试着打印 first_variable（或者 second_variable）的内容的话，我们会得到一条错误信息：

```
>>> print(first_variable)
Traceback (most recent call last):
  File "<pyshell#50>", line 1, in <module>
    print(first_variable)
NameError: name 'first_variable' is not defined
```

如果一个变量定义在函数之外，那么它的作用域就不一样。例如，让我们在创建函数之前先定义一个变量，然后尝试在函数中使用它：

```
❶>>> another_variable = 100
 >>> def variable_test2():
        first_variable = 10
        second_variable = 20
    ❷   return first_variable * second_variable * another_variable
```

在这段代码中，尽管变量 first_variable 和 second_variable 不可以在函数之外使用，但变量 another_variable（在函数之外的第 ❶ 处创建）却可以在函数内的第 ❷ 处使用。

下面是调用这个函数的结果：

```
>>> print(variable_test2())
20000
```

现在，假设你要用像可乐罐这样的经济材料建造一个太空船。你觉得你每个星期可以压平两个用来做太空船仓壁的罐子，但你要用大约 500 个罐子才能造出船身。我们可以很容易地写出一个函数来帮我们计算，如果每周做两个罐子的话总共需要多少时间来压平 500 个罐子。让我们创建一个函数来显示一周到一年我们可以压平多少罐子。

我们的函数计算每一周共有多少个压平的罐子，会把罐子的个数当作参数（这样一来，后面要改罐子的数量就会更简单）：

```
>>> def spaceship_building(cans):
        total_cans = 0
        for week in range(1, 53):
            total_cans = total_cans + cans
            print(f'Week {week} = {total_cans} cans')
```

在函数的第一行，我们创建了一个叫 total_cans（罐子合计）的变量并把它的值设置为 0。然后我们创建一个在一年中每一周都进行一次的循环，并把每周压平的罐子数累加起来。这个代码块就构成了我们函数的内容，最后两行代码是构成 for 循环的另一个代码块。

让我们试着在 Python Shell 程序中输入这个函数，并通过不同的 cans 的数值来调用它，先用 2 作为参数：

```
>>> spaceship_building(2)
Week 1 = 2 cans
Week 2 = 4 cans
Week 3 = 6 cans
Week 4 = 8 cans
Week 5 = 10 cans
Week 6 = 12 cans
Week 7 = 14 cans
Week 8 = 16 cans
...
Week 50 = 100 cans
Week 51 = 102 cans
Week 52 = 104 cans

>>> spaceship_building(10)
Week 1 = 10 cans
Week 2 = 20 cans
Week 3 = 30 cans
Week 4 = 40 cans
Week 5 = 50 cans
...
```

```
Week 48 = 480 cans
Week 49 = 490 cans
Week 50 = 500 cans
Week 51 = 510 cans
Week 52 = 520 cans
```

这个函数可以通过修改每周不同的罐数来反复重用，比你每次试着用不同的数字来把 for 循环重新输入一遍要高效得多。当我们使用 spaceship_building(10)，可以看到，在第 50 周我们将有足够的罐子来造出船身。

函数还可以按模块的方式组织起来，这使得 Python 能真正大展拳脚，而不只是完成一些无足轻重的事情。

7.2 使用模块

模块用来把函数、变量以及其他东西组织成更大的、更强的程序。有些模块内置在 Python 之中，还有一些可以单独下载。这里有帮助你写游戏软件的模块（如内置的 tkinter 和非内置的 Pygame）、用来操纵图像的模块（如 Python 图像库 Pillow）还有用来画 3D 立体画的模块（如 Panda3D）。

模块可以用来做各种有用的事情。例如，如果你在设计一个模拟游戏，你想让游戏中的世界有真实感，你可以使用内置的 time 模块来计算当前的日期和时间：

```
>>> import time
```

在这里，import（引入）命令用来告诉 Python 我们想要使用模块 time。

然后我们可以使用点号来调用这个模块中的函数。我们在第 4 章就这样使用过 turtle 模块的函数，比如 t.forward(50)。例如，下面的例子展示了如何调用 time 模块中的 asctime 函数：

```
>>> print(time.asctime())
Tue Aug 12 07:05:32 2025
```

函数 asctime 是 time 模块的一部分，它作为一个字符串返回当前的日期和时间。

现在假设你要让别人用你的程序来输入一个值，可能是他们的生日或他们的年龄。你可以使用 print 语句来显示一条信息，然后使用 sys 模块（sys 是 system，系统的缩写），其中包含了与 Python 系统自身交互的工具。首先我们引入 sys 模块：

```
>>> import sys
```

sys 模块中有一个特别的对象叫 stdin（standard input 的缩写，标准输入），它有一个很有用的函数 readline。readline 函数用来读取来自键盘的一行文本输入，直到你按回车键为止。（我们会在第 8 章解释对象是如何工作的。）为了测试 readline，在 Python Shell 程序中输入以下代码：

```
>>> import sys
>>> print(sys.stdin.readline())
```

然后，如果你输入一些字并按回车键，这些字会在 Python Shell 程序中打印出来。回想一下我们在第 5 章写的代码，它用到了一个 if 语句：

```
>>> if age >= 10 and age <= 13:
        print('What is 13 + 49 + 84 + 155 + 97? A headache!')
    else:
        print('Huh?')
```

除了创建变量 age 并在 if 语句之前给它赋一个特定的值，我们现在还可以让别人输入这个值。但首先让我们把这些代码放到一个函数中：

```
>>> def silly_age_joke(age):
        if age >= 10 and age <= 13:
            print('What is 13 + 49 + 84 + 155 + 97? A headache!')
        else:
            print('Huh?')
```

我们现在可以要求某人输入一个值，而不再需要创建一个变量 age 并在使用 if 语句之前给这个变量赋一个特定的值。但是首先，我们要把这些代码放到一个函数中。

现在我们可以调用它了，先输入这个函数的名字，然后在括号中输入数字，告诉它要用的数字是多少。试试看吧！

```
>>> silly_age_joke(9)
Huh?
>>> silly_age_joke(10)
What is 13 + 49 + 84 + 155 + 97? A headache!
```

真的可以！现在，让我们用这个函数来得到一个人的年龄。（你可以多次增加或修改函数。）

```
>>> def silly_age_joke():
        print('How old are you?')
```

```
❶ age = int(sys.stdin.readline())
❷ if age >= 10 and age <= 13:
      print('What is 13 + 49 + 84 + 155 + 97? A headache!')
   else:
      print('Huh?')
```

你认出 ❶ 处的那个 int 函数了吗？它能把字符串转换成数字。我们使用这个函数是因为不论你输入什么，sys.stdin.readline() 都把它当成字符串返回。但是我们想要的是个数字，这样才能在 ❷ 处和数字 10 还有 13 比较。自己试试这个函数吧，不用任何参数来调用这个函数，当 How old are you?（你几岁了？）出现时输入一个数字：

```
>>> silly_age_joke()
How old are you?
10
What is 13 + 49 + 84 + 155 + 97? A headache!
>>> silly_age_joke()
How old are you?
15
Huh?
```

我们第 1 次调用这个函数，它会显示 How old are you，然后我们输入 10，它会输出这个笑话。第 2 次调用这个函数，我们输入 15，它会输出 Huh?。

input 函数

sys.stdin.readline 函数不是读取键盘输入的唯一方法。更简单的选择是内建的 input 函数。input 函数接收一个可选的 prompt 参数（这是带有你想要显示的提示消息的字符串），然后返回用户在按下回车键之前所录入的全部内容。图 7-1 显示了代码执行的效果。

```
i = input('??? ')
print(i)
```

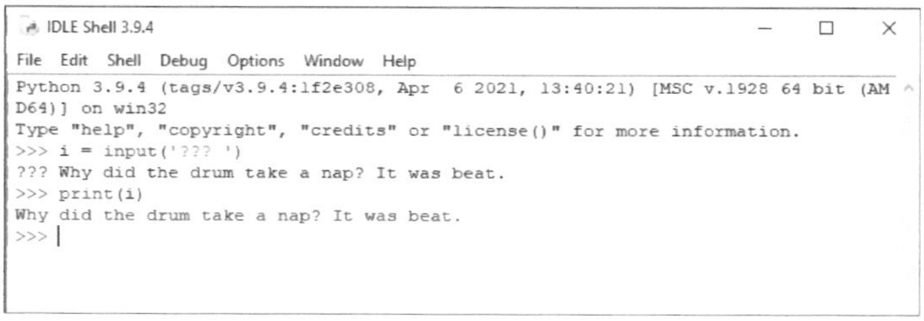

图 7-1　使用 input 函数

我们使用 input 函数来重写 silly_age_joke 函数：

```
>>> def silly_age_joke():
        age = int(input('How old are you?\n'))
        if age >= 10 and age <= 13:
            print('What is 13 + 49 + 84 + 155 + 97? A headache!')
        else:
            print('Huh?')
```

除了代码行数略有减少之外，这个版本和之前代码的另一个区别是在字符串
（'How old are you?\n'）末尾增加了一个换行符（\n）。换行符直接把光标从当前显示
的行移到下一行。print 函数会自动实现换行，但是 input 函数不会。

不管怎样，这段代码的工作方式和之前的代码完全一样。

7.3　你学到了什么

在这一章里，你看到了在 Python 里如何用函数来写出可以重复使用的代码，
还有如何使用模块提供的函数。你学会了变量的作用域是如何控制它在函数内外的
可见性的。还有如何用 def 关键字来创建函数以及如何引入模块来使用它的内容。

7.4　编程小测验

自己写一些函数来试试下面这些例子吧。

#1: 算月球上的体重的基础函数

在第 6 章中，有一个编程测验建立了一个 for 循环来
计算 15 年后你在月球上的体重。那个 for 循环可以很容易
地变成一个函数。试着创建一个函数，它把起始体重和每年
增加的重量当作参数。这个函数看起来是这样的：

```
>>> moon_weight(30, 0.25)
```

#2: 月球体重函数外加年数

把你刚刚创建的那个函数改成可以使用不同的年数，比如 5 年或 20 年。记得
要把函数改成需要三个参数：起始体重、每年增加的体重，还有年数，具体如下：

```
>>> moon_weight(90, 0.25, 5)
```

#3：月球体重程序

我们不光可以写个简单的需要传入参数的函数，还可以写个小程序用 `sys.stdin.readline()` 或 `input()` 来提示输入这些数值。这样的话，调用这个函数就不再需要任何参数了：

```
>>> moon_weight()
```

这个函数会显示一个信息来询问起始体重，然后第二个信息来询问每年将增加的体重，最后的信息询问的是多少年。差不多像这样：

```
Please enter your current Earth weight
45
Please enter the amount your weight might increase each year
0.4
Please enter the number of years
12
```

如果使用 `sys.stdin.readline()`，记得在创建函数之前先引入 `sys` 模块：

```
>>> import sys
```

#4：火星上的体重程序

这次我们把计算在月球上体重的程序改为计算在火星上你全家人的体重。这个函数应该询问家庭每个成员的体重，计算在火星上他们的体重（通过乘以 0.3782），然后加和并显示最终总体重。你可以用很多种方式编写代码，但最重要的是最后要显示出总体重。

第8章
如何使用类和对象

　　长颈鹿和人行道有什么共同点？长颈鹿和人行道都是"东西"，在汉语里被称为"名词"，在 Python 里则被称为"对象"。在程序的世界里，对象是组织代码的方法，它把复杂的想法拆分开来使其更容易被理解。（我们在第 4 章用海龟作图时曾经用过一个对象。）

要真正理解在 Python 里对象是如何工作的，我们先要想想对象的类型。让我们从长颈鹿和人行道开始。

长颈鹿是一种哺乳动物，哺乳动物是一种动物。长颈鹿同时又是一种活动的对象，因为它是活的。

让我们再来看看人行道。不用多说，人行路不是活的。就让我们称它为非活动对象吧（换句话说，它不是活的）。哺乳动物、动物、活动、不动，这些都是给事物分类的方法。

8.1 把事物拆分成类

在 Python 里，对象是由"类"定义的，我们可以把"类"当成一种把对象分组归类的方法。例如，图 8-1 所示的是长颈鹿和人行道根据我们前面的定义所归属的类的树状图。

这里的最主要的类是 Thing（东西）。在"东西"类的下面，我们有 Inanimate（非活动）和 Animate（活动）。它们再进一步分为非活动下的 Sidewalk（人行道），以及活动下面的 Animal（动物）、Mammal（哺乳动物）和 Giraffe（长颈鹿）。

我们可以用类把 Python 代码的小片段组织起来。例如，参考一下 turtle 模块。所有 Python 的 turtle 模块能做的事情（如向前移动、向后移动、向左转、向右转）都是 Turtle 这个类里的函数。可以把一个对象想象成一个类家族中的一员，我们可以创建任意数量的这个类的对象。我们马上就会看到示例。

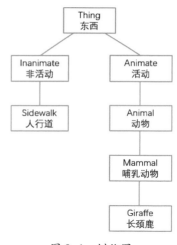

图 8-1 树状图

现在让我们来创建图 8-1 所示的树状图中的那些类吧，从顶部开始。我们用 class 关键字来定义类，后面跟着一个名字。因为 Thing 是最广泛使用的类，我们要先创建它：

```
>>> class Thing:
        pass
```

我们把这个类命名为 Thing 并用 pass 语句来告诉 Python 我们不会给出更多的信息了。当我们想提供一个类或者一个函数，却暂时不想填入具体信息的时候就可以使用 pass 关键字。

接下来，我们要加入其他的类并在它们之间建立联系。

8.1.1 父母与孩子

如果一个类是另一个类家族的一部分，那么它是另一个类的"孩子"，另一个类是它的"父亲"。一个类可以同时是另外一些类的孩子和父亲。在我们的树状图中，上面的类是父亲，下面的是孩子。例如，Inanimate 和 Animate 都是 Thing 类的孩子，Thing 是它们的父亲。

要告诉 Python 一个类是另一个类的孩子，就在新类的名字后用括号加上父亲类（以下简称父类）的名字，就像这样：

```
>>> class Inanimate(Thing):
        pass

>>> class Animate(Thing):
        pass
```

这样，我们就创建了一个叫 Inanimate 的类并通过 class Inanimate (Thing) 来告诉 Python 它的父类是 Thing。然后我们创建了叫 Animate 的类并通过 class Animate(Things) 告诉 Python 它的父类也是 Thing。

让我们用同样的方法写出 Sidewalk 类。我们利用父类 Inanimate 创建 Sidewalk 类，就像这样：

```
>>> class Sidewalk(Inanimate):
        pass
```

接下来我们也可以同样地用它们的父类来创建 Animal、Mammal 还有 Giraffe 类：

```
>>> class Animal(Animate):
        pass

>>> class Mammal(Animal):
        pass

>>> class Giraffe(Mammal):
        pass
```

8.1.2 增加属于类的对象

现在我们有了好几个类，让我们在这些类里加入些成员怎么样？假设有一只长颈鹿，它的名字叫 Reginald。我们知道它属于 Giraffes 类，但要用什么样的程序术语来描述一只叫 Reginald 的长颈鹿呢？我们称 Reginald 是 Giraffe 类的一个对象（object），还可以称它为实例（instance）。我们用下面这段代码把 Reginald "引入" Python 中：

```
>>> reginald = Giraffe()
```

这段代码告诉 Python 创建一个属于 Giraffe 类的对象，并把它赋值给变量 reginald。像函数一样，类的名字后面要用括号。在这一章的后面部分，我们会学习如何创建对象和在括号中使用参数。

这个 reginald 对象能做什么呢？它到目前为止什么也不会做。要想让对象有用，在创建类的时候我们还要定义函数，这样这个类的对象就可以使用这些函数了。如果不在类的定义之后立刻使用 pass 关键字，我们也可以增加一些函数定义。

8.1.3 定义类中的函数

在第 7 章中，我们介绍了函数，它是一种重用代码的方法。我们用和定义其他函数同样的方式来定义与某个类相关联的函数，不同之处在于要在类的定义之下缩进。例如，下面是一个没有与任何类关联的普通函数：

```
>>> def this_is_a_normal_function():
        print('I am a normal function')
```

下面是两个属于类的函数：

```
>>> class ThisIsMySillyClass:
        def this_is_a_class_function():
            print('I am a class function')
        def this_is_also_a_class_function():
            print('I am also a class function. See?')
```

8.1.4 用函数来表示类的特征

再看看我们前面定义的 Animate 类的子类。我们可以给每一个类增加一些"特征"，来描述它是什么和它能做什么。"特征"就是一个类家族中的所有成员（还有它的子类）共同的特点。

例如，所有动物（animal）有什么共同点？随便说几个：它们都要呼吸，它们都会动和吃东西。那么哺乳动物（mammal）呢？哺乳动物都给它们的孩子喂奶。而且它们也呼吸、会动和吃东西。我们知道长颈鹿从高高的树顶上吃叶子，然后它和其他的哺乳动物一样，也给孩子喂奶、呼吸、会动和吃东西。我们把这些特

征加到树状图上后，就得到了图 8-2 所示
的结果。

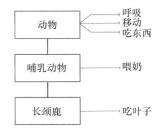

图 8-2　在树状图上添加特征

可以把这些特征想象成一些动作或
者说函数，也就是那个类的对象能做的
事情。

我们用 def 关键字在类中添加函数。
所以 Animal 类就是这样的：

```
>>> class Animal(Animate):
        def breathe(self):
            pass
        def move(self):
            pass
        def eat_food(self):
            pass
```

在第一行代码，我们像往常一样定义了类，但并没有在接下来的那一行使用
pass 关键字，而是定义了一个叫 breathe（呼吸）的函数，并且给了它一个参数
self。这个 self 参数是用来从类中的一个函数调用类（还有父类）的另一个函
数的。我们稍后会看到如何使用这个参数。

在下一行，pass 关键字告诉 Python 我们暂时不提供关于
函数 breathe 更多的信息，因为暂时我们什么事也不想让它
做。然后我们加上了函数 move（移动）和 eat_food（吃食物），
它们也是暂时什么都不做。我们很快就会重建这些类并在函数
里放进一些合适的代码。这是常见的编写程序的方法。

NOTE　通常，程序员会先创建类，而其中的函数什么也不做。先通过这种方
式找出这个类应该做的事情，而不是马上进入每个函数的细节。

我们也可以给其他的两个类：Mammal 和 Giraffe 加上函数。每个类都能使用
它的父类的特征（函数）。这意味着你不需要把一个类写得很复杂。你可以把函数放
在这一特征最早出现的父类中。（这是一个让你的类保持简单和容易理解的好办法。）

```
>>> class Mammal(Animal):
        def feed_young_with_milk(self):
            pass

>>> class Giraffe(Mammal):
```

```
def eat_leaves_from_trees(self):
    pass
```

在上述代码中，`Mammal` 类提供了函数 `feed_young_with_milk`。`Giraffe` 类是一个子类。

8.1.5 为什么要使用类和对象

我们已经给类加上了函数，但是为什么还要使用类和对象？为什么不是简单地写普通的 `breathe`、`move`、`eat_food` 等这些函数？

要回答这个问题，我们要利用一下那只名为 Reginald 的长颈鹿，就是之前我们创建的 `Giraffe` 类的那个对象，像这样：

```
>>> reginald = Giraffe()
```

因为 reginald 是一个对象，我们可以调用（或者说运行）它属于的类（`Giraffe` 类）和它的父类所提供的函数。我们用点运算符 "." 和函数的名字来调用对象的函数。要让长颈鹿 Reginald 移动或者吃东西，我们可以这样调用函数：

```
>>> reginald = Giraffe()
>>> reginald.move()
>>> reginald.eat_leaves_from_trees()
```

我们假设 Reginald 有一个叫 Harriet 的长颈鹿朋友。让我们创建另一个叫 harriet 的 `Giraffe` 对象：

```
>>> harriet = Giraffe()
```

因为我们使用了对象和类，所以我们可以通过运行 move 函数来准确地告诉 Python 我们所指的到底是哪一只长颈鹿。例如，如果我们想让 Harriet 移动而 Reginald 则留在原地，我们可以用 harriet 对象来调用 move 函数，像这样：

```
>>> harriet.move()
```

在这个例子中，只有 Harriet 会移动。

让我们稍稍改一改这些类，让结果更明显。我们要给每个函数加上 print 语句，而不是只用 pass：

```
>>> class Animal(Animate):
        def breathe(self):
            print('breathing')
        def move(self):
```

```
            print('moving')
        def eat_food(self):
            print('eating food')
>>> class Mammal(Animal):
        def feed_young_with_milk(self):
            print('feeding young')

>>> class Giraffe(Mammal):
        def eat_leaves_from_trees(self):
            print('eating leaves')
```

现在当我们创建了 reginald 和 harriet 对象并调用它们的函数时，我们可以看到事情发生的过程：

```
>>> reginald = Giraffe()
>>> harriet = Giraffe()
>>> reginald.move()
moving
>>> harriet.eat_leaves_from_trees()
eating leaves
```

在前两行中，我们创建了变量 reginald 和 harriet，它们是 Giraffe 类的对象。接下来，我们调用了 reginald 的 move 函数，Python 马上在下一行打印出 moving（移动中）。我们用同样的方法调用 harriet 的 eat_leaves_from_trees 函数，Python 打印出 eating leaves（在吃树叶）。如果这些是真的长颈鹿而不是计算机中的对象的话，其中一个长颈鹿会在走，另一个在吃东西。

> **NOTE** 为类定义的函数实际上叫作方法。方法和函数这两个术语几乎可以互换使用，除非所涉及的方法只能在一个类上调用。另一种说法是，方法与类相关联，而函数不与类相关联。鉴于它们几乎相同，我们将在本书中使用函数这个术语。

8.1.6 图片中的对象与类

让我们用更图形化一点的手段来讨论对象和类如何？那就让我们回到第 4 章里我们玩过的那个 turtle 模块吧。

当我们使用 turtle.Turtle() 时，Python 就创建了一个由 turtle 模块所提供的 Turtle 类的对象（类似于上一节里的 reginald 和 harriet 对象）。我们可以创建两个海龟对象（分别叫 Avery 和 Kate），就像创建了两个长颈鹿一样：

```
>>> import turtle
>>> avery = turtle.Turtle()
>>> kate = turtle.Turtle()
```

每个海龟对象（avery 和 kate）都属于 Turtle 类。

接下来你就会看到对象强大的地方了。既然创建了这两个海龟对象，我们就可以对其中每一个来调用它的函数，然后它们会分别画图。试试这个：

```
>>> avery.forward(50)
>>> avery.right(90)
>>> avery.forward(20)
```

有了这一系列的指令，我们告诉 Avery 向前移动 50 个像素，向右转 90°，然后再向前移动 20 个像素，结束时头朝下。记住，海龟一开始头总是朝右的。

现在该移动 Kate 了：

```
>>> kate.left(90)
>>> kate.forward(100)
```

我们让 Kate 向左转 90°，然后向前移动 100 个像素，因此它结束时头朝上。

画到这里，我们得到了一条线，它两端的箭头指向不同的方向，每个箭头都代表一个不同的海龟对象：Avery 指向下，Kate 指向上。结果如图 8-3 所示。

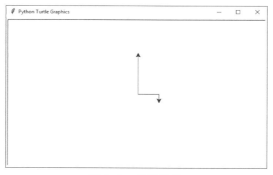

图 8-3　绘图结果

现在，让我们增加一个叫 Jacob 的海龟，然后移动它，不需要打扰到 Kate 或者 Avery：

```
>>> jacob = turtle.Turtle()
>>> jacob.left(180)
>>> jacob.forward(80)
```

首先，我们创建一个新的 `Turtle` 对象，叫 jacob，然后我们让它向左转 180°，然后让它 向前移动 80 个像素。我们的画面里现在有三个 海龟，结果如图 8-4 所示。

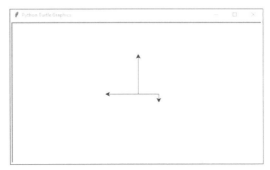

图 8-4 Kate、Avery 和 Jacob

记住，每次我们调用 `turtle.Turtle()` 来创建一个海龟，它都是一个新的、独立的对象。每个对象仍是 `Turtle` 类的一个实例，每个对象都可以调用同样的函数。但因为我们使用了对象，我们可以分别移动每个海龟。就像独立的长颈鹿对象（Reginald 和 Harriet）一样，Avery、Kate 还有 Jacob 是独立的海龟对象。如果我们创建一个和现在对象同名的变量的话，旧的对象不一定消失。

8.2　对象和类的另一些实用功能

类和对象是给函数分组的好办法。它们还帮助我们把程序分成小段来进行思考。

例如，你可以想象一个相当大的软件应用程序，比如文字处理软件或者 3D 计算机游戏。对大多数人来讲几乎不可能整体来理解这么大的程序，因为代码实在太多了。但是如果把这个庞大的程序分成小的片段，那么每一块理解起来就比较容易了。当然，你得懂得那种编程语言才行！

当写大型的程序时，把它拆解开还让你可以把工作分给多个程序员来共同完成。那些复杂的程序（比方说你的浏览器）是由很多人或者说很多组人，同时在世界各地分工写出的。

想象一下，现在我们想扩展这一章里我们创建的一些类（`Animal`、`Mammal` 还有 `Giraffe`），但是工作量太大，我们想找朋友来帮忙。我们可以这样分工，一个人写 `Ainmal` 类，另一个写 `Mammal` 类，还有一个人写 `Giraffe` 类。

8.2.1　函数继承

有些读者可能已经注意到了，那个写 Giraffe 类的人很幸运，因为任何 Animal 类和 Mammal 类的函数都可以被 Giraffe 类使用。Giraffe 类"继承"（inherit）了 Mammal 类，而 Mammal 类又继承于 Animal 类。换句话说，如果我们创建一个长颈鹿对象，我们可以使用 Giraffe 类中定义的函数，也可以使用 Mammal 和 Animal 类中定义的函数。因为同样的机制，依此类推，如果我们创建一个哺乳动物（**Mammal**）对象，我们可以用 Mammal 类中定义的函数，也可以使用它的父类 Animal 中的函数。

再来看一下 Animal、Mammal 还有 Giraffe 类之间的关系。Animal 类是 Mammal 类的父类，而 Mammal 类是 Giraffe 的父类，如图 8-5 所示。

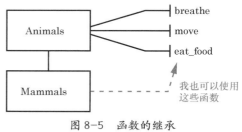

图 8-5　函数的继承

尽管 reginald 是 Giraffe 类的对象，我们仍然可以调用 Animal 类中定义的 move 函数，因为任何在父类中定义的函数在子类中都可以用：

```
>>> reginald = Giraffe()
>>> reginald.move()
moving
```

实际上，reginald 对象可以使用所有在 Animal 和 Mammal 类中定义的函数，因为这些函数已经被继承过来了：

```
>>> reginald = Giraffe()
>>> reginald.breathe()
breathing
>>> reginald.eat_food()
eating food
>>> reginald.feed_young_with_milk()
feeding young
```

在这段代码中，我们创建了一个名为 reginald 的 Giraffe 类对象。当我们调用每个函数的时候，函数都会打印出一条消息，不管这个函数是在 Giraffe 类中还是在其父类中定义的。

8.2.2　从函数里调用其他函数

当我们调用一个对象的函数时，我们要使用这个对象的变量名。例如，下面是调用长颈鹿 reginald 的 move 函数的方法：

```
>>> reginald.move()
```

想要从 Giraffe 类的某个函数中调用 move 函数，我们则要用到 self 参数。self 参数可以用来从类中的一个函数调用另外一个函数。例如，假设我们要给 Giraffe 类增加一个叫 find_food 的函数：

```
>>> class Giraffe(Mammal):
        def find_food(self):
            self.move()
            print('I\'ve found food!')
            self.eat_food()
```

现在我们创建了一个由另外两个函数组成的函数，这在编写程序时很常见。通常，你会写一个会做些有意义的事情的函数，然后在另一个函数内使用它。在第 11 章中我们会用到这一点，来编写更复杂的函数以创建一个游戏。

让我们用 self 来给 Giraffe 类增加一些函数：

```
>>> class Giraffe(Mammal):
        def find_food(self):
            self.move()
            print('I\'ve found leaves!')
            self.eat_food()
        def eat_leaves_from_trees(self):
            print('tear leaves from branches')
            self.eat_food()
        def dance_a_jig(self):
            self.move()
            self.move()
            self.move()
            self.move()
```

我们在 Giraffe 类中定义的 eat_leaves_from_trees 和 dance_a_jig 函数使用了父类 Animal 类的 eat_food 和 move 函数，因为它们都是继承函数。通过增加一些可调用其他函数的函数，当我们创建这些类的对象后，我们就可以调用不止做一件事情的函数了。下面看看当我们调用 dance_a_jig 函数时发生了什么！

```
>>> reginald = Giraffe()
>>> reginald.dance_a_jig()
moving
moving
moving
moving
```

在这段代码中，长颈鹿移动了 4 次，也就是说打印了 4 个 moving（移动中）。
如果我们调用 find_food 函数，我们就会打印 3 行：

```
>>> reginald.find_food()
moving
I've found leaves!
eating food
```

8.3　初始化对象

当我们创建对象时，有时我们会设置一些值以便将来使用（这些值也叫"属性"）。当我们初始化对象时，我们是在为将来使用它做准备。

比方说，假设我们想在创建长颈鹿对象时设置它身上斑点的数量，这件事要在初始化时做。要做到这一点，我们要创建立一个 __init__ 函数（请注意，两边各有两个下划线字符，一共是 4 个）。这个 __init__ 函数是在对象被创建的同时就设置它的属性的一种方法，Python 会在我们创建新对象时自动调用这个函数。下面是个例子：

```
>>> class Giraffe(Mammal):
        def __init__(self, spots):
            self.giraffe_spots = spots
```

首先，我们定义了一个有两个参数的 __init__ 函数，参数分别是 self 和
spots。和其他我们定义在类中的函数一样，__init__ 函数也需要把 self 当成
第一个参数。接下来我们把参数 spots 设置为 self 参数的一个名为 giraffe_
spots 的对象变量（也就是它的属性）。你可以把这行代码想象成"把参数 spots
的值（用对象变量 giraffe_spots）保存下来以后用"。就像类中的一个函数用
self 参数来调用类中的另一个函数一样，类里的变量也用 self 来访问。（self 是
"自己"的意思。）

接下来，我们创建两个新的长颈鹿对象（ozwald 和 gertrude）并显示它们
的斑点数，你就可以看到初始化函数是如何工作的了：

```
>>> ozwald = Giraffe(100)
>>> gertrude = Giraffe(150)
>>> print(ozwald.giraffe_spots)
100
>>> print(gertrude.giraffe_spots)
150
```

首先，我们创建一个 Giraffe 类的实例，使用 100 作为参数。这样做的效果

是调用了 __init__ 函数并用 100 作为 spots 参数的值。接下来，我们再创建另一个 Giraffe 类的实例，这次用 150。最后，我们打印出每个长颈鹿对象的对象变量 giraffe_spots，我们将看到结果分别为 100 和 150。果然好用！

切记，当我们创建一个类的对象时，比方说上面的 ozwald，我们可以用点运算符加变量或函数的名字来访问我们想用的变量或函数（例如 ozwald.giraffe_spots）。但是当我们在一个类的内部创建函数时，我们用 self 参数（如 self.giraffe_spots）来指向相同的变量（和其他函数）。

8.4　你学到了什么

这一章介绍了使用类来创建一类事物，并用这些类来生成类的对象（也叫实例）。你学会了子类是如何继承父类中的函数的。还有，尽管两个对象属于同一个类，但它们并不一定是一样的。例如，两个长颈鹿对象可以有各自不同数量的斑点。

你学到了如何调用（或运行）对象中的函数，知道对象变量是一种把值保存到对象中的方法。最后，我们在函数中用 self 参数来指向其他的函数和变量。这些概念是 Python 的基础，在本书其余部分你会经常遇到。

8.5　编程小测验

对于以下的示例，尝试创建你自己的函数。

#1：长颈鹿乱舞

给 Giraffe 类增加函数来让长颈鹿的左（left）脚或右（right）脚向前（forward）、向后（backward）移动。左脚向前移动的函数可以是这样的：

```
>>> def left_foot_forward(self):
        print('left foot forward')
```

然后写一个名为 dance 的函数来教长颈鹿跳舞（这个函数会调用你写的脚移动的函数）。调用这个新函数的结果就是简单的舞步：

```
>>> harriet = Giraffe()
>>> harriet.dance()
left foot forward
left foot back
right foot forward
right foot back
```

```
left foot back
right foot back
right foot forward
left foot forward
```

#2：海龟叉子

使用 4 个 Turtle 对象的海龟来
创建图 8-6 中侧向一边的叉子（每一
行的具体长度并不重要），记住要先
引入 turtle 模块。

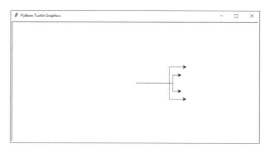

图 8-6　侧向一边的叉子

#3：两个小螺旋

使用两个 Turtle 对象创建图 8-7 所示的两个小螺旋的图片（同样，螺旋的准
确长度并不重要）。

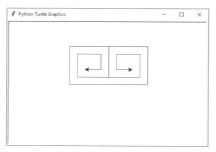

图 8-7　两个小螺旋

#4：4 个小螺旋

我们以在上面的代码中创建的两个螺旋线为基础，再制作一个镜像来创建 4 个
螺旋线，如图 8-8 所示。

图 8-8　4 个小螺旋

第 9 章
更多海龟图形

　　让我们再来看看第 4 章中用到的海龟模块。你会在这一章中看到，在 Python 里，海龟不仅可以画简单的黑线。你还可以用它来画更复杂的几何图形，线条可以用不同的颜色，甚至还可以给形状填色。

9.1 从基本的正方形开始

我们已经学会如何让海龟画简单的图形。在创建 Turtle 对象之前，我们要引入 turtle 模块：

```
>>> import turtle
>>> t = turtle.Turtle()
```

下面是第 4 章里我们用来创建正方形的代码：

```
>>> t.forward(50)
>>> t.left(90)
>>> t.forward(50)
>>> t.left(90)
>>> t.forward(50)
>>> t.left(90)
>>> t.forward(50)
>>> t.left(90)
```

在第 6 章里，你学会了使用 for 循环。用这个新知识，我们可以用 for 循环来让这段有些冗长的代码简单一些：

```
>>> t.reset()
>>> for x in range(1, 5):
        t.forward(50)
        t.left(90)
```

在第一行，我们重置 Turtle 对象。接下来，我们开始一个 for 循环，它用 range(1, 5) 来从 1 数到 4。然后，在接下来的几行，每次循环我们都向前 50 个像素然后左转 90°。因为我们已经用了一个 for 循环，所以这段代码会比前面的版本短一点。不算 reset 那一行的话，我们从 7 行减少到了 3 行。

9.2 画星星

现在，只要对我们的 for 循环做一些简单的改动，我们就能画出更好玩的东西了。输入下面的代码：

```
>>> t.reset()
>>> for x in range(1, 9):
```

```
    t.forward(100)
    t.left(225)
```

这段代码会画出一个八角星，如图 9-1 所示。

这段代码和前面画正方形的代码非常像，
但有 3 处不同：

图 9-1　八角星

1. 不是按 range(1, 5) 循环 4 次，而
   是用 range(1, 9) 循环 8 次；
2. 不是向前移动 50 个像素，而是向前
   100 个像素；
3. 不是向左转 90°，而是向左转 225°。

现在，让我们再进一步改进我们的星星。

每次转 175°，循环 37 次，我们可以画出有更多角的星星，实现代码如下：

```
>>> t.reset()
>>> for x in range(1, 38):
        t.forward(100)
        t.left(175)
```

运行的结果如图 9-2 所示。

现在，尝试输入如下代码，去画一个螺旋星：

```
>>> t.reset()
>>> for x in range(1, 20):
        t.forward(100)
        t.left(95)
```

把旋转的角度改一下，减少循环的次数，海龟就能画出风格不同的星星，如图 9-3
所示。

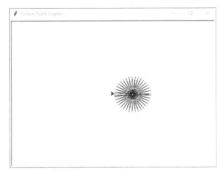

图 9-2　多角星

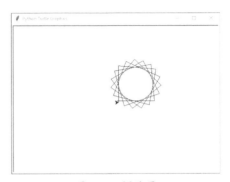

图 9-3　螺旋星

用差不多的代码，我们可以画出很多不同的形状，从基本的方形到螺旋星都可以。如你所见，for 循环使得画出这些形状变得非常简单。如果没有 for 循环，我们就得输入冗长的代码。

现在让我们用 if 语句控制海龟的转向来绘制不同的星星。在下面的例子里，我们想让海龟先转一个角度，然后下一次转一个不同的角度：

```
    t.reset()
❶ for x in range(1, 19):
    ❷ t.forward(100)
      if x % 2 == 0:
          t.left(175)
      else:
          t.left(225)
```

在这里，我们先创建一个运行18次的循环❶，然后让海龟向前移动100个像素❷。我们还增加了 if 语句，这个语句检查变量 x 是否包含偶数，它用到了"取余"运算符，就是表达式 x % 2 == 0 中的 %，它的意思是 x 除以 2 的余数是否等于 0。

表达式 x % 2 的本意是把变量 x 平均分成两份后还剩下几？例如，如果我们把7个球平均分成两份，我们会得到两组 3 个球（一共是 6 个），那么还剩下一个球，如图 9-4 所示。

如果我们把 13 个球平均分成两份，我们会得到两组 6 个球，还剩 1 个球，如图 9-5 所示。

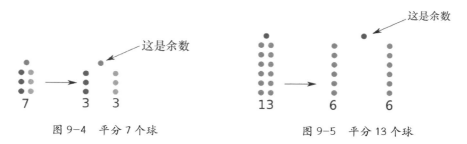

图 9-4　平分 7 个球　　　　　　图 9-5　平分 13 个球

如果我们检查除以 2 后余数是否等于 0，实际上是在问它是否可以被平分为两份，并且没有剩余。这是一个检查变量中的数字是否为偶数的好办法，因为偶数总是能被平均分成两份。

在代码的第 5 行，如果 x 中的数字是偶数（if x % 2 == 0）我们让海龟左转 175°（t.left(175)），否则（else）在最后一行，我们让它左转 225°

(t.left(225))。

运行代码的结果如图 9-6 所示。

在上一章中如果你尝试了 4 个螺旋
线的挑战，那你可能已经创建了 4 个
turtle 对象，并将代码复制了 4 次，每
个 turtle 的代码略有不同，以便它们
在正确的方向上绘制螺旋线。使用 for
循环和 if 语句，你可以用简单得多的代
码做同样的事情。

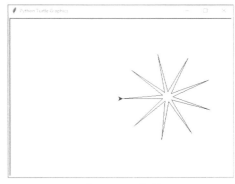

图 9-6　9 角星

9.3　画汽车

海龟也可以修改颜色和绘制特殊的图形。在下面的例子里，我们要画一个看上
去很原始的小汽车。

首先，我们要画车身。在 IDLE 里，选择 File（文件）→ New File（新建文件），
然后在窗口里输入如下代码：

```
t.reset()
t.color(1,0,0)
t.begin_fill()
t.forward(100)
t.left(90)
t.forward(20)
t.left(90)
t.forward(20)
t.right(90)
t.forward(20)
t.left(90)
t.forward(60)
t.left(90)
t.forward(20)
t.right(90)
t.forward(20)
t.left(90)
t.forward(20)
t.end_fill()
```

接下来我们画第一个轮子：

```
t.color(0,0,0)
t.up()
```

```
t.forward(10)
t.down()
t.begin_fill()
t.circle(10)
t.end_fill()
```

我们画第二个轮子：

```
t.setheading(0)
t.up()
t.forward(90)
t.right(90)
t.forward(10)
t.setheading(0)
t.begin_fill()
t.down()
t.circle(10)
t.end_fill()
```

选择 File（文件）→ Save As（保存为）。给它起个文件名，比如 car.py。

选择 Run（运行）→ Run Module（运行模块）来试试代码吧。画好的车如图 9-7 所示。

你大概已经注意到我们代码中的几个新的海龟函数了，如下。

1. color 是用来改变画笔的颜色的。

2. begin_fill 和 end_fill 是用来给画布上的一个区域填色的。

3. circle 会画一个指定大小的圆。

4. setheading 让海龟面向指定的方向。

图 9-7　画出的小汽车

让我们看看如何用这些函数来给我们的绘图加上颜色吧。

9.4　填色

color 函数有三个参数。第一个参数指定有多少红色，第二个指定有多少绿色，第三个指定有多少蓝色。举个例子，要得到亮红色的车子，我们用 color(1, 0, 0)，也就是让海龟用百分之百的红色画笔。

这种红色、绿色、蓝色的混搭叫作 RGB（Red、Green、Blue）。颜色在计算机的显示器上就是这样表示的，把这些主色用不同比例混合就能生成其他的颜色，就

像我们混合蓝色和红色的颜料来做出紫色，用黄色和红
色来做出橙色一样。红色、绿色和蓝色被称为"主色"
是因为你无法组合其他颜色来生成它们。

虽然我们没有在计算机屏幕上混合颜料（我们用的
是光），但我们可以把 RGB 方案想象成三个颜料桶，一
个红的、一个绿的和一个蓝的。每个桶里都是满的，我
们说满桶的值是 1（或者说 100%）。然后把所有的红颜料和所有的绿颜料混在一起
放在一个大缸里，这样就产生了黄色（每个颜色都是 1，或者说 100%）。

现在让我们回到代码的世界。要用海龟画一个黄色的圆，我们要用 100% 的红
色和 100% 的绿色颜料，但是不用蓝色，像这样：

```
>>> t.color(1,1,0)
>>> t.begin_fill()
❶ >>> t.circle(50)
>>> t.end_fill()
```

第一行的 1,1,0 表示 100% 的红色，100% 的绿色，还有 0% 的蓝色。在下面
一行，我们告诉海龟用这个 RGB 颜色来给后面的形状填色，然后来画一个圆 ❶。
在最后一行，end_file 告诉海龟用 RGB 颜色来给圆填色。

9.4.1　用来画填色圆形的函数

为了更容易地用不同的颜色来试验，我们来把画圆填色的代码写成一个函数：

```
>>> def mycircle(red, green, blue):
        t.color(red, green, blue)
        t.begin_fill()
        t.circle(50)
        t.end_fill()
```

我们可以只用绿色来画一个很亮的绿色的圆，如下：

```
>>> mycircle(0, 1, 0)
```

我们也可以用一半的绿色（0.5）来画一个深绿色的圆：

```
>>> mycircle(0, 0.5, 0)
```

接下来在屏幕上试试其他 RGB 颜色，先画个全红的圆，再画个半红的，然后
全蓝和半蓝，像这样：

```
>>> mycircle(1, 0, 0)
>>> mycircle(0.5, 0, 0)
>>> mycircle(0, 0, 1)
>>> mycircle(0, 0, 0.5)
```

NOTE 如果你的画布已经变得很零乱了，那么用 t.reset() 来把旧画删除。同时要记得你还可以用 t.up() 来把画笔抬起，这样海龟移动时就不会画出线来（用 t.down() 来把笔再次放下）。

红绿蓝的各种组合可以生成大量不同的颜色，如金色：

```
>>> mycircle(0.9, 0.75, 0)
```

下面是淡粉色：

```
>>> mycircle(1, 0.7, 0.75)
```

下面是两种不同的橙色：

```
>>> mycircle(1, 0.5, 0)
>>> mycircle(0.9, 0.5, 0.15)
```

试着自己组合一些颜色吧！

9.4.2 使用纯白和纯黑

当你在晚上把灯都关了会怎么样？所有的东西都成了黑色。计算机上的颜色也是如此。没有光意味着没有颜色，所有主色为 0 的圆都是黑色的：

```
>>> mycircle(0, 0, 0)
```

结果如图 9-8 所示。

图 9-8　黑色的圆

反过来你把三个颜色都用 100% 也是同样的道理，这时你会得到白色。输入下面的代码可以把黑色的圆擦掉：

```
>>> mycircle(1, 1, 1)
```

9.5　画方形的函数

现在我们要做更多关于形状的实验。我们先用本章开头画正方形的函数，把正方形的尺寸作为一个参数传给它：

```
>>> def mysquare(size):
        for x in range(1, 5):
            t.forward(size)
            t.left(90)
```

用尺寸为 50 来调用这个函数，像这样：

```
>>> mysquare(50)
```

这会画出一个小的正方形，如图 9-9 所示。

现在我们用不同的尺寸来调用这个函数。用 25、50、75、100 和 125 创建 5 个套在一起的正方形：

```
>>> t.reset()
>>> mysquare(25)
>>> mysquare(50)
>>> mysquare(75)
>>> mysquare(100)
>>> mysquare(125)
```

结果如图 9-10 所示。

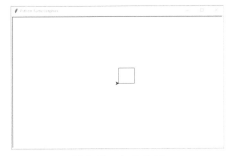

图 9-9　小正方形

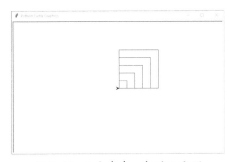

图 9-10　5 个套在一起的正方形

9.6 画填色正方形

要画填了色的正方形，我们首先要重置画布，开始填色，然后再调用正方形函数，如下：

```
>>> t.reset()
>>> t.begin_fill()
>>> mysquare(50)
```

你应当看到一个空的正方形，直到你结束填充：

```
>>> t.end_fill()
```

你的正方形如图 9-11 所示。

我们改变一下这个函数，让它既可以画填色的正方形也可以画不填色的正方形。这样的话我们就会需要另一个参数，代码会更复杂一点：

```
>>> def mysquare(size, filled):
        if filled == True:
            t.begin_fill()
        for x in range(1, 5):
            t.forward(size)
            t.left(90)
        if filled == True:
            t.end_fill()
```

在第一行，我们改变函数的定义让它接收两个参数：size 和 filled。接下来，我们用 if filled == True 来检查 filled 的值是否为 True。如果是，我们调用 begin_fill 来让海龟给画出的形状填色。然后我们循环 4 次（for x in range(1, 5)）来画出正方形的四边（向前画然后左转）。然后检查 filled 是否为 True。如果是，我们用 t.end_fill 把填色关闭，这时海龟会把正方形填好颜色。

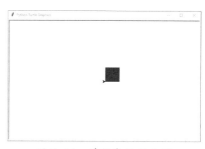

图 9-11　填好色的正方形

现在我们可以用下面的代码来画一个填了色的正方形：

```
>>> mysquare(50, True)
```

或者我们可以用下面的代码来画一个没有填色的正方形：

```
>>> mysquare(150, False)
```

在调用了 mysquare 函数两次后，我们得到了图 9-12 所示的图案，看上去就像个正方形的眼睛。

当然这些还远远不够。你可以画各种形状并给它们填色。

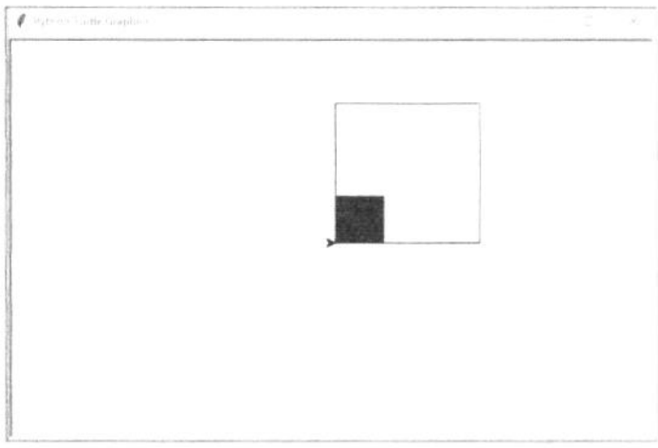

图 9-12　一个填了色的正方形和一个没有填色的正方形

9.7　画填好色的星星

作为最后一个例子，让我们给之前画的星星填上颜色。下面是原来的代码：

```
for x in range(1, 19):
    t.forward(100)
    if x % 2 == 0:
        t.left(175)
    else:
        t.left(225)
```

现在我们要写一个 mystar 函数。我们会使用 mysquare 函数中的 if 语句，并且加上 size 参数：

```
>>> def mystar(size, filled):
        if filled == True:
            t.begin_fill()
        for x in range(1, 19):
            t.forward(size)
            if x % 2 == 0:
                t.left(175)
            else:
                t.left(225)
        if filled == True:
            t.end_fill()
```

在函数的前面两行，我们检查 filled 是否为真，如果是的话开始填充。在最后两行再次检查，如果 filled 是真，我们就停止填充。同时，和 mysquare 函数一样，我们把参数 size 作为星星的大小，在调用 t.forward 时使用这个值。

现在我们把颜色设置为金色（90% 红色，75% 绿色，0% 的蓝色），然后再次调用这个函数：

```
>>> t.color(0.9, 0.75, 0)
>>> mystar(120, True)
```

海龟会画出一个填了色的星星，如图 9-13 所示。

要给星星画上轮廓，把颜色改成黑色并且不用填色再画一遍星星：

```
>>> t.color(0,0,0)
>>> mystar(120, False)
```

现在，星星成了带黑边的金色星星，如图 9-14 所示。

图 9-13　绘制金色的星星

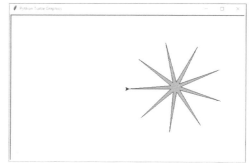

图 9-14　加了黑边的金色星星

9.8　你学到了什么

经过了这一章，你学会了如何用 turtle 模块画几个基本的几何图形，还有用 for 循环和 if 语句来控制海龟在屏幕上的动作。我们改变了海龟的笔的颜色并给它所画的形状填色。我们还用一些函数来重用绘图的代码，这使得画出不同颜色的形状变得很容易，只要简单地做一次函数调用就够了。

9.9　编程小测验

在下面的练习里，你要自己用海龟画图。

#1：画八边形

在这一章里，我们画过星星、正方形，还有长方形。那么写个函数来画一个八边形吧！（提示：尝试让海龟每次转 45°。）结果如图 9-15 所示。

#2：画填好色的八边形

写好画八边形的函数以后，改一改它让它画出填色的八边形。最好画一个带轮廓的八边形，就像我们画的星星一样，如图 9-16 所示。

图 9-15　八边形

图 9-16　填色的八边形

#3：不同的画星星函数

写一个画星星的函数，它有两个参数：大小（size）和尖角（points）的数量。函数的开始应该是这样的：

```
def draw_star(size, points):
```

#4　重温 4 个小螺旋

使用你在第 8 章中为编程小测验中第 4 题创建的代码（创建四个螺旋曲线），并再次绘制相同的螺旋线，只是这一次，尝试使用 for 循环和 if 语句来简化代码。

第 10 章
用 tkinter 画高级图形

　　用海龟画图的问题是海龟……太……慢……了。就算海龟以它最快的速度跑也还是太慢。对海龟来说，这不是问题，但是对于计算机绘图来讲这就是问题。

计算机绘图，尤其是在游戏里，通常都要求图像能快速移动。如果你有一个游戏平台，或者你在电脑上玩游戏，可以想象一下你在屏幕上见到的图形。二维（2D）的图形是平的，游戏中的角色一般只是上下左右移动，例如，很多任天堂游戏机、索尼 PSP 和手机游戏。在伪三维（3D）游戏中，图像看上去更加真实，但是角色通常只是在一个平面上移动（这个也叫作等距图形）。最后就是 3D 游戏，它在屏幕上试图再现真实场景。不论游戏用 2D、伪 3D 还是 3D 图形，它们都有一个共同点：都要在计算机屏幕上快速绘图。

如果你以前从来没有自己做过动画，那么试试下面这个简单的项目。

1. 拿来一叠白纸，在第一张纸的底角画点东西（比方说线条小人儿）。
2. 在第二张纸的底角画上同样的线条小人儿，不过让他的腿移动一点点。
3. 在下一张纸上再画这个线条小人儿，让它的腿动得更多一点。
4. 逐渐地一张一张在底角画上变化的小人儿。

当你画完以后，快速翻动这些纸，你会看到你的线条小人儿在移动。这是所有动画的基本原理，不论是电视上的卡通动画还是你游戏机或电脑上的游戏。先画一张图，再画一个稍稍有点变化的图，这就让人感觉它在移动。要让图像看起来是在移动，你需要把每一帧或者动画的每一段都显示得非常快。

Python 提供了多种制作图形的方法。除了 turtle 模块，你还可以使用外部模块（需要单独安装）或 Python 标准安装程序中自带的 tkinter 模块来制作。tkinter 可以用来创建完整的应用程序，比如简单的字处理软件和简单的绘图软件。在这一章里，我们会看看如何用 tkinter 来创作图形。

10.1　创建一个可以点的按钮

作为我们的第一个例子，我们要用 tkinter 模块创建一个带按钮的简单程序。输入以下代码：

```
>>> from tkinter import *
>>> tk = Tk()
>>> btn = Button(tk, text='click me')
>>> btn.pack()
```

在第一行代码中，我们引入了 tkinter 模块的内容。用 "from 模块名 import *" 就可以在不用模块名字的情况下使用模块的内容了。而如果像前面例子那样用

`import turtle`，我们就得通过模块的名字才能访问它的内容：

```
import turtle
t = turtle.Turtle()
```

如果用了 `import *`，我们就不用像在第 4 章和第 9 章一样调用 `turtle.Turtle` 了。对于 turtle 模块来讲这个作用并不大，但是对于有很多类和函数的模块却很有用，因为它能让你少敲几下键盘。

```
from turtle import *
t = Turtle()
```

在按钮例子的下一行代码中，我们创建了一个包含 Tk 类对象的变量 `tk = Tk()`，这和我们创建 turtle 模块的 `Turtle` 对象一样。tk 对象创建一个基本的窗口，我们可以在窗口中增加其他东西，例如按钮、输入框，或者用来画图的画布。Tk 类是 tkinter 模块所提供的最主要的类，没有这个类的对象，你就没办法画出任何图形或者动画。

在第三行代码中，我们用 `btn = Button` 创建了一个按钮，传递变量 tk 并将其作为第一个参数，然后用 `text = "click me"` 把 click me（单击我）作为按钮上面显示的文字。尽管我们已经把这个按钮加到了窗口中，可它还不会显示出来，除非你输入 `btn.pack()` 来让按钮这么做。如果有其他的按钮或者对象要显示，它还让屏幕上的按钮或对象顺序排好。结果如图 10-1 所示。

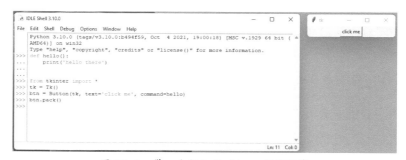

图 10-1　带一个按钮的 tkinter 应用程序

现在这个 click me 的按钮没有实际功能。就算你点上一天也不会有任何事发生，除非我们改一些代码（别忘记先关闭你之前创建的窗口）。

首先，创建一个函数来打印一些文字：

```
>>> def hello():
        print('hello there')
```

然后改动创建按钮的例子让它使用这个新函数：

```
>>> from tkinter import *
>>> tk = Tk()
>>> btn = Button(tk, text='click me', command=hello)
>>> btn.pack()
```

我们只对前面的代码做了一点点修改：加上了 command 参数，它让 Python 在按钮被单击时调用 hello 函数。

现在当你单击按钮时，你会看到 Python Shell 中写着 hello there（你好）。每次你单击按钮时都会看到它。如图 10-2 所示，我单击了按钮 5 次。

图 10-2　单击按钮

这是我们第一次在示例代码中使用"具名参数"，在继续画图之前先来介绍一下这个功能。

10.2　使用具名参数

具名参数和普通的参数一样，只不过它没有按照函数所提供的参数的顺序来决定参数与值的对应关系（第一个参数得到第一个值，第二个参数得到第二个值，第三个参数得到第三个值等）。在具名参数中，我们明确地定义值的名字，所以值的顺序无关紧要。

有时，函数有很多参数，我们不是总要给每个参数都赋值。具名参数可以让我们只为想给它赋值的参数提供值。

例如，假设我们有一个函数叫作 person，它有两个参数：宽（width）和高（height）。

```
>>> def person(width, height):
        print(f'I am {width} feet wide, {height} feet high')
```

通常，我们是这样调用它的：

```
>>> person(4, 3)
I am 4 feet wide, 3 feet high
```

通过具名参数，我们可以调用函数并指定哪个值赋给哪个参数：

```
>>> person(height=3, width=4)
I am 4 feet wide, 3 feet high
```

随着我们越来越多地应用 tkinter 模块，具名参数会对我们越来越有帮助。

10.3 创建一个画图用的画布

按钮是一个不错的工具，但是对于在屏幕上画东西就没什么用处了。如果想画图，我们需要一个不同的要素：canvas（画布）对象，也就是 Canvas 类的对象（由 tkinter 模块提供）。

当我们创建画布时，需要给 Python 传入画布的宽度和高度（以像素为单位）。其他方面和按钮的代码相同。下面是一个例子：

```
>>> from tkinter import *
>>> tk = Tk()
>>> canvas = Canvas(tk, width=500, height=500)
>>> canvas.pack()
```

和按钮的例子一样，在你输入 tk = Tk() 时，屏幕上会出现一个窗口。在最后一行代码，我们用 canvas.pack() 布置好画布，这时窗口的尺寸为宽 500 像素、高 500 像素，和第三行代码定义的一样。

和按钮的例子一样，pack 函数让画布显示在窗口中正确的位置上。如果没调用这个函数，就不会正常地显示任何东西。

10.4 画线

要在画布上画线，就要用像素坐标。坐标定义了平面上像素的位置。在 tkinter 画布上，坐标决定了像素横向（从左到右）的距离和纵向（从上到下）的距离。

例如，因为我们的画布是 500 像素宽、500 像素高，所以屏幕右下角的坐标就是（500，500）。要画出图 10-3 所示的线条，我们要使用起点坐标（0，0）和终点坐标（500，500）。

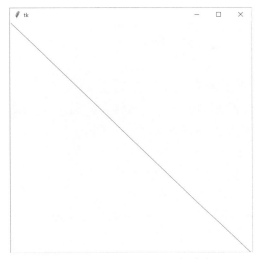

图 10-3　用 tkinter 画一条斜线

create_line 函数可用于指定这些坐标，如下所示：

```
>>> from tkinter import *
>>> tk = Tk()
>>> canvas = Canvas(tk, width=500, height=500)
>>> canvas.pack()
>>> canvas.create_line(0, 0, 500, 500)
1
```

create_line 函数返回 1，它是个标志，我们以后再来了解它。如果要用 turtle
模块做同样的事情，那就需要下面这段代码：

```
>>> import turtle
>>> turtle.setup(width=500, height=500)
>>> t = turtle.Turtle()
>>> t.up()
>>> t.goto(-250,250)
>>> t.down()
>>> t.goto(500, -500)
```

在这段代码中，画布是 500 像素宽和 500 像素高，所以海龟出现的位置是画
布中央 (250, 250)。如果使用函数 t.goto(-250, 250)，海龟会向左移动 250 个
像素，向上移动 250 个像素，到屏幕的左上角。当我们调用函数 t.goto(500,
-500)，海龟会向右移动 500 个像素，向下移动 500 个像素，到屏幕的右下角。

tkinter 的代码看上去已经改进了很多。它短了一些，也简单了一些。现在让我们看看 canvas 对象上都有哪些可用的函数，并用它们来做些更有趣的绘画。

10.5　画盒子

通过 turtle 模块，我们可以向前、转弯、再向前、再转弯，以此类推来画一个盒子。另外，我们可以通过改变向前移动的距离来画长方形或正方形。

画正方形和长方形对于 tkinter 模块来说就简单多了。你只需要知道各个角的坐标。下面是一个例子（你现在可以关闭其他的窗口了）：

```
>>> from tkinter import *
>>> tk = Tk()
>>> canvas = Canvas(tk, width=400, height=400)
>>> canvas.pack()
>>> canvas.create_rectangle(10, 10, 50, 50)
```

在这段代码中，我们用 tkinter 建立一个 400 像素宽、400 像素高的画布，然后在窗口的左上角画一个正方形，如图 10-4 所示。

在代码的最后一行，我们传给 canvas.create_rectangle 的参数就是正方形的左上角和右下角的坐标。这些坐标参照的是画布左边和顶边的距离。在本示例中，第一对坐标（左上角）距左边 10 像素、距顶边 10 像素（也就是前两个数字 10, 10）。正方形

图 10-4　画一个正方形

的右下角距左边 50 像素、距顶边 50 像素（就是 50, 50 这两个数字）。

我们用 x1, y1 和 x2, y2 来指代这两组坐标。要画一个矩形，我们可以增加第二个坐标中距离画布边缘左边的长度（增大参数 x2 的值），例如：

```
>>> from tkinter import *
>>> tk = Tk()
>>> canvas = Canvas(tk, width=400, height=400)
>>> canvas.pack()
>>> canvas.create_rectangle(10, 10, 300, 50)
```

在这个例子中，矩形左上角的坐标（它在屏幕上的位置）是 (10, 10)，右下

角的坐标是(300, 50)。结果我们得到了
一个和原来的正方形一样高（40个像素），
但是宽很多的矩形，如图10-5所示。

我们也可以通过增加第二个坐标距离
画布顶边的距离（增加参数 y2 的值）来
画出另一个矩形：

图 10-5　一个宽宽的矩形

```
>>> from tkinter import *
>>> tk = Tk()
>>> canvas = Canvas(tk, width=400, height=400)
>>> canvas.pack()
>>> canvas.create_rectangle(10, 10, 50, 300)
```

上述示例对 create_rectangle 函数
的调用依次意味着：

* 从画布的左上角横着数 10 个像素；
* 再从上向下数 10 个像素，这里就是
矩形的起始角；
* 横着数 50 个像素；
* 向下数 300 个像素画出一个矩形。
画出的结果如图 10-6 所示。

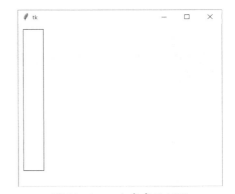

图 10-6　一个高高的矩形

10.5.1　画许多矩形

让我们用很多大小各异的矩形来填满画布吧。我们可以引入 random 模块，然
后写一个函数用随机数作为矩形左上角和右下角的坐标。

我们会用到 random 模块提供的 randrange 函数。当我们给这个函数
传入一个数字，它会返回一个 0 和这个数字之间的随机整数（不包含这个数
字）。例如，调用 randrange(10) 将会返回一个 0 和 9 之间的数字（包含 9），
randrange(100) 将会返回一个 0 和 99 之间的数字（包含 99）等。

我们在函数中是这样使用 randrange 的。通过选择 File（文件）→ New File（新
建窗口）来创建一个新窗口，然后输入如下代码：

```
from tkinter import *
import random
tk = Tk()
canvas = Canvas(tk, width=400, height=400)
canvas.pack()
```

```
def random_rectangle(width, height):
    x1 = random.randrange(width)
    y1 = random.randrange(height)
    x2 = x1 + random.randrange(width)
    y2 = y1 + random.randrange(height)
    canvas.create_rectangle(x1, y1, x2, y2)
```

我们先定义一个函数 random_rectangle，它有两个参数：width（宽）和 height（高）。然后，我们用 randrange 函数来建立两个代表矩形左上角的变量，使用总宽度和高度作为参数：x1 = random.randrange(width) 和 y1 = random.randrange(height)。事实上，对于第二行代码来讲，它的意思就是"建立变量 x1，设定它的值是 0 与参数 width 之间的一个随机数"。

接下来的两行代码为矩形的右下角创建变量，创建方法为左上角的坐标（x1 和 y1）加一个随机数。函数的第三行代码实际上就是"创建变量 x2，它由前面计算得到的 x1 加上一个随机数组成"。

最后，我们用变量 x1、y1、x2 和 y2 来调用 canvas.create_rectangle 函数在画布上画出矩形。

来试一试 random_rectangle 这个函数，它把画布的宽度和高度作为参数。在你刚输入的函数后面加上下面这行代码：

```
random_rectangle(400, 400)
```

保存你刚刚输入的代码（选择 File（文件）→ Save（保存），然后输入文件名，比如 randomrect.py），然后选择 Run（运行）→ Run Module（运行模块）。

NOTE　　我们的 random_rectangle 函数可以在画布的侧面或底部绘制一个矩形。这是因为矩形的左上角可以位于画布的任何位置（甚至在右下角），并且它不会引发由于绘制超过画布的宽度或高度而出现的任何错误。

如果这个函数没问题，那么创建一个循环来多次调用 random_rectangle 在屏幕上画满矩形吧。试着用一个 for 循环来画 100 个随机长方形。加上下面的代码，保存，然后运行：

```
for x in range(0, 100):
    random_rectangle(400, 400)
```

这段代码画出来的东西有点乱，看上去有点像现代艺术，如图 10-7 所示。

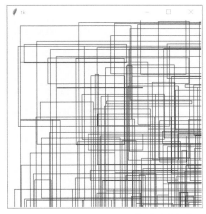

图 10-7　用 tkinter 画出艺术模型

10.5.2　设置颜色

当然，我们想画出有颜色的画。让我们改一改 `random_rectangle` 函数，传入一个额外的参数（`fill_color`）来指定矩形的颜色。在新窗口中输入如下代码，将其保存为 colorrect.py：

```
from tkinter import *
import random
tk = Tk()
canvas = Canvas(tk, width=400, height=400)
canvas.pack()

def random_rectangle(width, height, fill_color):
    x1 = random.randrange(width)
    y1 = random.randrange(height)
    x2 = random.randrange(x1 + random.randrange(width))
    y2 = random.randrange(y1 + random.randrange(height))
    canvas.create_rectangle(x1, y1, x2, y2, fill=fill_color)
```

现在，`create_rectangle` 函数把 `fill_color` 作为一个参数，它指定画出的矩形的颜色。

像下面这样，我们可以给函数传入颜色名来创建一系列不同颜色的矩形。在进行这个例子时，在输入第一行代码之后，你可以考虑通过复制粘贴来减少输入量。做法是，选中要复制的文字，按 Ctrl+C 组合键来复制，点击一个空行，按 Ctrl+V 组合键来粘贴。把这些代码加入 colorrect.py 中的 `random_rectangle` 函数的下面：

```
random_rectangle(400, 400, 'green')
random_rectangle(400, 400, 'red')
random_rectangle(400, 400, 'blue')
random_rectangle(400, 400, 'orange')
random_rectangle(400, 400, 'yellow')
random_rectangle(400, 400, 'pink')
random_rectangle(400, 400, 'purple')
random_rectangle(400, 400, 'violet')
random_rectangle(400, 400, 'magenta')
random_rectangle(400, 400, 'cyan')
```

你输入的大多数颜色都会显示成你所期望的颜色，但是有些可能会生成一条错误信息（取决于你用的是 Windows、macOS 还是 Linux 系统）。但是如果要定制一个完全不同的颜色怎么办？还记得在第 9 章我们用红绿蓝三种颜色不同的百分比来设置海龟笔的颜色吗？用 tkinter 来设置每个主色（红绿蓝）的量相对来讲更复杂一点，但这难不倒我们。

当用 turtle 模块时，我们用 90% 的红色、75% 的绿色、没有蓝色来创建金色。在 tkinter 中，我们可以用下面这行代码来创建同样的金色：

```
random_rectangle(400, 400, '#e5d800')
```

值 e5d800 之前的 # 号告诉 Python 我们提供的是一个"十六进制"数字。十六进制是计算机编程中常常用到的一种表示数字的方法。与十进制数字以 10 为基数（0 到 9）不同，它采用 16 作为基数（0 到 9，然后是 A 到 F）。如果你还没学过数学中的基数，只要记得你可以用字符串中的占位符 {:x} 来把一个普通的数字转换成十六进制数（参见 3.1.3 节）。例如，要把十进制数字 15 转成十六进制，你可以这样做：

```
>>> print(f'{15:x}')
f
```

这是一个带有特定格式修饰符（:x）的 f- 字符串，它告诉 Python 把这个数字（15）转换成十六进制。

如果要确保得到的数字至少有两位，我们可以稍微改动一下格式占位符：

```
>>> print(f'{15:02x}')
0f
```

这次我们有了一个不同的格式修饰符（02x），它表示我们希望进行十六进制转换，同时使用两位数字（使用 0 表示任意缺少的数字）表示。

tkinter 模块提供了一个简单的方法来得到颜色的十六进制数。试试在 IDLE 中运行下面的代码：

```
from tkinter import *
from tkinter import colorchooser
tk = Tk()
tk.update()
print(colorchooser.askcolor())
```

这段代码会显示一个颜色选择器，如图 10-8 所示。注意，你必须显式导入 colorchooser 模块，因为当你在 Python 中使用 `from tkinter import *` 时，上述模块不会自动可用。

当你选择了一个颜色并单击 OK 按钮，会出现一个元组。这个元组包含了另一个元组，其中有三个数字和一个字符串：

```
>>> print(colorchooser.askcolor())
((157, 163, 164), '#9da3a4')
```

这三个数字代表红绿蓝的量。在 tkinter 中，颜色中每个主色的量分别由一个 0 到 255 之间的数字表示（这和 turtle 模块中用百分比表示主色有所不同）。元组中的字符串是这三个数字的十六进制版本。

你可以把字符串的值复制粘贴来使用，或者把元组作为一个变量保存，然后通过索引来获得十六进制的值。

现在用 random_rectangle 函数来看看它好不好用，用下面代码替换 colorrect.py 文件底部所有的 random_rectangle 调用：

```
from tkinter import colorchooser
c = colorchooser.askcolor()
random_rectangle(400, 400, c[1])
```

结果如图 10-9 所示。

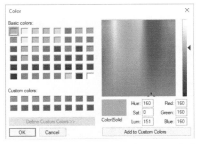

图 10-8　tkinter 颜色选择器（不同操作系统看上去可能有所不同）

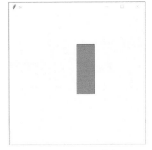

图 10-9　绘制一个紫色的矩形

10.6　画圆弧

圆弧是圆周的一段，也可以说是一种曲线。为了
用 tkinter 画出圆弧，你需要用 create_arc 函数在
一个矩形中作图，代码如下：

```
canvas.create_arc(10, 10, 200, 100, extent=180, style=ARC)
```

代码结果如图 10-10 所示。

NOTE　如果你已经把所有的 tkinter 窗口都关闭了，或者重新开启了 IDLE，请
确保重新引入 tkinter 然后再次创建画布，代码如下：

```
>>> from tkinter import *
>>> tk = Tk()
>>> canvas = Canvas(tk, width=400, height=400)
>>> canvas.pack()
>>> canvas.create_arc(10, 10, 200, 100, extent=180, style=ARC)
```

这段代码把包含着圆弧的矩形的左上角坐标设置为 (10, 10)，就是横向数 10 个像
素，再向下数 10 个像素，右下角坐标是 (200, 100)，就是横向数 200 个像素，再向下
数 100 个像素。参数 extent 用来指定圆弧的角度。我们在第 4 章中讲过，角度就是
一种对圆周距离的度量。图 10-11 所示的是两条圆弧的例子，分别是 90° 和 270°：

图 10-10　画一条圆弧

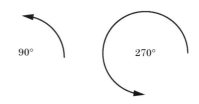

图 10-11　90° 和 270° 的两条圆弧

下面的代码在画布上自上而下画出几条不同的圆弧，这样你就可以看到对
create_arc 函数使用不同角度的效果：

```
>>> from tkinter import *
>>> tk = Tk()
>>> canvas = Canvas(tk, width=400, height=400)
>>> canvas.pack()
>>> canvas.create_arc(10, 10, 200, 80, extent=45, style=ARC)
```

```
>>> canvas.create_arc(10, 80, 200, 160, extent=90, style=ARC)
>>> canvas.create_arc(10, 160, 200, 240, extent=135, style=ARC)
>>> canvas.create_arc(10, 240, 200, 320, extent=180, style=ARC)
>>> canvas.create_arc(10, 320, 200, 400, extent=359, style=ARC)
```

结果如图 10-12 所示。

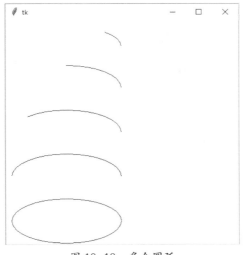

图 10-12　多个圆弧

NOTE　在画最后一条圆弧（圈）时我们用了 360° 而不是 360°，这是因为 tkinter 把 360° 当成 0，如果用 360° 的话就什么也不会画出来。

style 参数是要绘制的圆弧的类型。还有另外两种类型的圆弧：弦和扇形。弦与我们现在绘制的弧几乎相同，只是弧的两端用一条直线连接在一起。扇形就像其名称所显示的，好比你从比萨或馅饼上切下来一块。

10.7　画多边形

多边形就是有三条或三条以上边的图形。常规的多边形有三角形、正方形、矩形、五边形、六边形等。还有边长不等的不规则图形，它可能有很多条边，形状各异。

当我们用 tkinter 来画多边形时，你要为多边形的每个点提供坐标。下面是画三角形的方法：

```
>>> from tkinter import *
>>> tk = Tk()
```

```
>>> canvas = Canvas(tk, width=400, height=400)
>>> canvas.pack()
>>> canvas.create_polygon(10, 10, 100, 10, 100, 110, fill='',
    outline='black')
```

该示例从坐标 (10, 10) 开始，画到 (100, 10)，然后结束于 (100, 110)。我们设置
填充颜色为无（空字符串），所以这个三角形内部没有填充颜色；轮廓设置为黑色
（'black'），所以用黑边绘制。它看上去如图 10-13 所示。

我们可以再画一个不规则多边形，代码如下：

```
canvas.create_polygon(200, 10, 240, 30, 120, 100, 140, 120, fill='',
outline='black')
```

这段代码从坐标 (200, 10) 开始，画到 (240, 30)，再画到 (120, 100)，最后结束
于 (140, 120)。tkinter 会自动连接第一个坐标和最后一个坐标。运行这段代码的结
果如图 10-14 所示。

图 10-13　画一个三角形

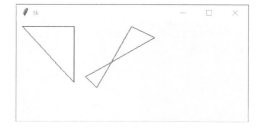

图 10-14　画一个不规则多边形

10.8　显示文字

除了画图形，你还可以用 create_text 在画布上写字。这个函数只需要两个
坐标（文字的 x 和 y 位置）和一个具名参数来接收要显示的文字。在下面的代码中，
我们和从前一样创建画布，然后在坐标位置（150, 100）处显示一句话。把这段代
码保存为 text.py。

```
from tkinter import *
tk = Tk()
canvas = Canvas(tk, width=400, height=400)
canvas.pack()
canvas.create_text(150, 100, text='There once was a man from Toulouse,')
```

create_text 函数还有几个很有用的参数，比方说字体颜色等。在下面的代

码中，我们调用 create_text 函数时使用了坐标（130, 120），还有要显示的
文字，以及红色（red）的填充色。

```
canvas.create_text(130, 120, text='Who rode around on a moose.', fill='red')
```

你还可以指定字体（显示文字所用的字体名称），方法
是给出一个包含字体名和字体大小的元组。例如，大小为 20
的 Times 字体就是 ('Times', 20)。在下面的代码中，我
们用大小为 15 的 Times 字体、大小为 20 的 Helvetica 字体
和大小为 22 和 30 的 Courier 字体。

```
canvas.create_text(150, 150, text='He said, "It\'s my curse,', font=('Times', 15))
canvas.create_text(200, 200, text='But it could be worse,', font=('Helvetica', 20))
canvas.create_text(220, 250, text='My cousin rides round', font=('Courier', 22))
canvas.create_text(220, 300, text='on a goose."', font=('Courier', 30))
```

图 10-15 所示的是使用 3 种指定字体和 5
种不同大小调用这个函数的结果。

10.9　显示图片

要用 tkinter 在画布上显示图片，首先要载
入图片，然后使用 canvas 对象上的 create_
image 函数。你要载入的任何图片必须位于一
个 Python 可以访问的目录中。

放置图片的最佳位置就是 home 文件夹。
在 Windows 操作系统上，就是 c:\Users\<your
username>；在 macOS 操作系统上，就是 /Users/<your username>；在 Ubuntu 或
Raspberry Pi 操作系统上，就是 /home/<your username>。图 10-16 所示的是 Windows
系统中的一个 home 文件夹。

图 10-15　用 tkinter 显示文字

NOTE　用 tkinter 只能载入 GIF 图片，也就是扩展名是 .gif 的图片文件。想要
　　　　显示其他类型的图片，如 PNG（.png）和 JPG（.jp），你就需要用到
　　　　像 Pillow 这样的模块。如果没有可用的 GIF 图片，尝试打开一个照片，
　　　　然后把它保存为 GIF 文件。在 Windows 系统中，画图应用可以很容易
　　　　地做到这一点，还有很多其他方法可以将图片转换为 GIF 格式的图片。

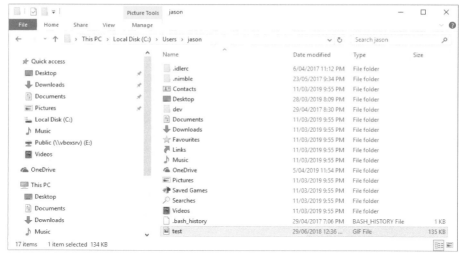

图 10-16　Windows 上的 Home 文件夹

我们可以这样来显示 test.gif 图片：

```
from tkinter import *
tk = Tk()
canvas = Canvas(tk, width=400, height=400)
canvas.pack()
my_image = PhotoImage(file='c:\\Users\\jason\\test.gif')
canvas.create_image(0, 0, anchor=NW, image=my_image)
```

在最前面 4 行代码中，我们设置好画布，这和前面的例子一样。在第 5 行代码中，我们把图片载入变量 my_image。我们用文件名 'c:\\Users\\jason\\test.gif ' 来建立 PhotoImage。在 Windows 系统的文件名中我们需要使用两个反斜线（\\），因为在 Python 字符串中反斜线是一个特殊字符（叫作转义字符，例如我们在第 7 章曾经用过的表示制表符的转义字符 \t，表示新一行的转义符 \n，两个反斜线只是一种表达"这里我不想要转义符，我想要一个反斜线"的方式。

如果你将图片保存在桌面上，你应该用以下路径来创建 PhotoImage：

```
my_image = PhotoImage(file='C:\\Users\\JoeSmith\\Desktop\\test.gif')
```

如果图片已经被载入变量，canvas.create_ image(0, 0, anchor=NW, image= myimage) 通过函数 create_image 来显示它。坐标 (0, 0) 是我们要显示图片的位置，anchor=NW 让函数使用左上角（NW 是 northwest，西北方向）作为图片的起始点（否则的话它默认用图片的中心作为起始点）。最后一个具名参数 image 指向载入的图片。结果如图 10-17 所示。

图 10-17　显示图片

10.10　创建基本的动画

我们讲了如何画出静态的图，那都是一些不会动的画。现在来做动画怎么样？

动画并不是 tkinter 模块的专长，但是基本的处理还是可以做的。例如，我们可以创建一个填了色的三角形，用下面的代码让它在屏幕上横向移动：

```
>>> import time
>>> from tkinter import *
>>> tk = Tk()
>>> canvas = Canvas(tk, width=400, height=200)
>>> canvas.pack()
>>> canvas.create_polygon(10, 10, 10, 60, 50, 35)
>>> for x in range(1, 61):
        canvas.move(1, 5, 0)
        tk.update()
        time.sleep(0.05)
```

当你运行这段代码时，三角形会从屏幕一边横向移动到另一边，如图 10-18 所示。

和前面一样，引入 tkinter 后我们通过前面三行代码来显示画布的基本设置。通过调用 canvas.create_polygon(10, 10, 10, 60, 50, 35) 来创建三角形。

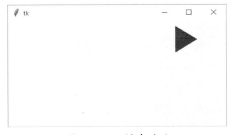

图 10-18　创建动画

NOTE 当你输入这一行代码时，屏幕上会打印出一个数字，它是这个多边形的 ID。我们以后可以用它来指代这个多边形，下面的例子里会用到。

接下来，我们写了一个简单的 for 循环，从 1 数到 61，以 `for x in range(1, 61):` 开始。循环中的代码块使三角形在屏幕上横向移动。`canvas.move` 函数会把画好的对象移动到给坐标增加给定值后的位置。例如，`canvas.move(1, 5, 0)` 会把 ID 为 1 的对象（那个三角形的 ID 标识）横移 5 个像素，纵移 0 个像素。要想把它再移回来，我们可以用函数 `canvas.move(1, -5, 0)`。

函数 `tk.update()` 强制 tkinter 更新屏幕（重画）。如果我们没用 update 的话，tkinter 会等到循环结束时才移动三角形，这样的话你只会看到它跳到最后的位置，而不是平滑地穿过画布。循环的最后一行 `time.sleep(0.05)`，它让 Python 休息二十分之一秒（0.05 秒），然后再继续。

要想让三角形沿对角线在屏幕上移动，我们可以修改代码：`move(1, 5, 5)`。先关闭画布，然后创建一个新文件（File → New File），输入以下代码：

```
import time
from tkinter import *
tk = Tk()
canvas = Canvas(tk, width=400, height=400)
canvas.pack()
canvas.create_polygon(10, 10, 10, 60, 50, 35)
for x in range(0, 60):
    canvas.move(1, 5, 5)
    tk.update()
    time.sleep(0.05)
```

这段代码和原来那段有两处不同：

• 把画布的高度设置为 400 而不是 200，`canvas = Canvas(tk, width=400, height=400)` ;

• 我们给三角形的 x 和 y 坐标分别加 5，即 `canvas.move(1, 5, 5)`。

保存代码并运行，图 10-19 所示的是三角形在循环结束后的最后位置。

要让三角形在屏幕上沿对角线回到开始的位置，要用（-5，-5）。在文件结尾加上这段代码：

图 10-19　三角形移到屏幕的下方

```
>>> for x in range(0, 60):
        canvas.move(1, -5,-5)
        tk.update()
        time.sleep(0.05)
```

运行这段代码，三角形将会回到开始的地方。

10.11　让对象对操作有反应

我们可以用"消息绑定"来让三角形在有人按下某键时有反应。"消息"是在程序运行中发生的事件，比如有人移动了鼠标、按下了某键，或者关闭了窗口等。你可以让 tkinter 监视这些事件，然后做出反应。

想处理事件（让 Python 在事件发生时做些事情），我们首先要创建一个函数。当我们告诉 tkinter 将某个特定函数绑到（或者说关联到）某个特定事件上时就完成了绑定。换句话说，tkinter 会自动调用这个函数来处理事件。

例如，要让三角形在按下回车键时移动，我们可以定义以下函数：

```
def movetriangle(event):
    canvas.move(1, 5, 0)
```

这个函数只接收一个参数（event），tkinter 用它来给函数传递关于事件的信息。现在我们用画布上的 bind_all 函数来告诉 tkinter 当特定事件发生时应该调用这个函数。在 IDLE 中将其输入到一个新文件中，并在运行之前将其另存为 movingtriangle.py，全部代码具体如下：

```
from tkinter import *
tk = Tk()
canvas = Canvas(tk, width=400, height=400)
canvas.pack()
canvas.create_polygon(10, 10, 10, 60, 50, 35)
def movetriangle(event):
    canvas.move(1, 5, 0)
canvas.bind_all('<KeyPress-Return>',movetriangle)
```

该函数的第一个参数说明我们让 tkinter 监视什么事件。在这里，我们监视的事件叫作 <KeyPress-Return>，也就是按下回车键。我们告诉 tkinter 当这个 KeyPress 事件发生时应该调用 movetriangle 函数。运行这段代码，用鼠标单击画布，然后在键盘上按回车键。

我们尝试根据按键的不同而改变三角形的方向，比方说用方向键。这很容易。我们首先需要把 movetriangle 函数改成下面这样：

```
def movetriangle(event):
    if event.keysym == 'Up':
        canvas.move(1, 0, -3)
    elif event.keysym == 'Down':
        canvas.move(1, 0, 3)
    elif event.keysym == 'Left':
        canvas.move(1, -3,0)
    else:
        canvas.move(1, 3, 0)
```

传入 movetriangle 函数的 event 对象包含了几个变量。其中一个变量叫作 keysym（key symbol，键的符号），它是一个字符串，包含了实际按键的值。其中 if event.keysym == 'Up': 的意思是说如果 keysym 变量中的字符串是 Up（向上），我们要用参数 (1, 0, -3) 来调用 canvas.move，就是下面那一行代码所做的事情。接下来的 elif event.keysym == 'Down': 是说如果 keysym 中的字符串是 'Down'（向下），我们用的参数就是 (1, 0, 3)。

记住，第一个参数是画布上所画的图形的 ID 数字，第二个是对 x（水平方向）坐标增加的值，第三个是对 y（垂直方向）坐标增加的值。

然后我们告诉 tkinter，函数 movetriangle 应当用来处理 4 种不同的事件（上、下、左、右）。下面代码显示了 movingtriangle.py 代码的内容：

```
from tkinter import *
tk = Tk()
canvas = Canvas(tk, width=400, height=400)
canvas.pack()
canvas.create_polygon(10, 10, 10, 60, 50, 35)
def movetriangle(event):
  ❶ if event.keysym == 'Up':
      ❷ canvas.move(1, 0, -3)
  ❸ elif event.keysym == 'Down':
      ❹ canvas.move(1, 0, 3)
    elif event.keysym == 'Left':
        canvas.move(1, -3,0)
  ❺ else:
      ❻ canvas.move(1, 3, 0)
canvas.bind_all('<KeyPress-Up>',movetriangle)
canvas.bind_all('<KeyPress-Down>',movetriangle)
canvas.bind_all('<KeyPress-Left>',movetriangle)
canvas.bind_all('<KeyPress-Right>',movetriangle)
```

在 movetriangle 函数中，我们在 ❶ 处检查 keysym 变量是否包含 Up。如果有，我们就在 ❷ 处用参数为（1，0，-3）的 move 函数把三角形向上移动。其中第一个参数是三角形的 ID，第二个参数是向右移动的量（我们不想水平向右移动，所以这里的值是 0），第三个参数是向下移动的量（-3 像素）。

然后我们在 ❸ 处检查 keysym 是否包含 Down，如果是，我们在 ❹ 处把三角形向下移（3 像素）。最后的检查是看值是不是 Left，如果是，我们就把三角形向左移（-3 像素）。如果都不是，进入第 ❺ 处最后的 else，然后在第 ❻ 处把三角形向右移。

现在三角形应该能随按键的方向移动了。

10.12　更多使用 ID 的方法

只要用了画布上以 create_ 开头的函数，例如 create_polygon 或者 create_rectangle 等，它总会返回一个 ID。这个 ID 可以在其他画布的函数中使用，就像之前我们用的 move 函数一样：

```
>>> from tkinter import *
>>> tk = Tk()
>>> canvas = Canvas(tk, width=400, height=400)
>>> canvas.pack()
>>> canvas.create_polygon(10, 10, 10, 60, 50, 35)
1
>>> canvas.move(1, 5, 0)
```

这个例子的问题是 create_polygon 不会总是返回 1。例如，如果你之前创建了其他的图形，它可能会返回 2、3，甚至 100 也有可能（要看之前创建了多少图形）。如果我们修改代码来把返回值作为一个变量保存，然后使用这个变量而不是直接用数字 1，那么无论返回值是多少，这段代码都能工作：

```
>>> mytriangle = canvas.create_polygon(10, 10, 10, 60, 50, 35)
>>> canvas.move(mytriangle, 10, 0)
```

move 函数可以通过 ID 让对象在屏幕上移动。但是还有其他函数可以改变已经画好的东西。例如，画布上的 itemconfig 函数可以改变图形的某些参数，比方说它的填色以及轮廓线的颜色。

假如我们创建了一个红色的三角形：

```
>>> from tkinter import *
>>> tk = Tk()
```

```
>>> canvas = Canvas(tk, width=400, height=400)
>>> canvas.pack()
>>> mytriangle = canvas.create_polygon(10, 10, 10, 60, 50, 35,
    fill='red')
```

我们可以用 itemconfig 来改变三角形的颜色，这需要把 ID 作为第一个参数。下面代码的含意是"把变量 mytriangle 中的对象的填充颜色改为蓝色。"

```
>>> canvas.itemconfig(mytriangle, fill='blue')
```

我们也可以给三角形用一条不同颜色的轮廓线，同样使用 ID 作为第一个参数：

```
>>> canvas.itemconfig(mytriangle, outline='red')
```

以后，我们还要学习如何给图形做出其他改变，比方说隐藏和重现。当我们在下一章开始写计算机游戏时，你会发现能够修改屏幕上已经画好的东西很有用处。

10.13 你学到了什么

在这一章里，你使用 tkinter 模块在画布上画出了简单的几何形状，显示了图片，并做出了简单的动画。你学会了如何用事件绑定来让图形响应按键，这在我们写计算机游戏时很有用。你知道了 tkinter 中以 create 开头的函数如何返回一个 ID 数字，并可以在图形画好以后利用它来做修改，比方说在屏幕上移动或者修改颜色。

10.14 编程小测验

通过下面的练习来熟悉一下 tkinter 模块和基本的动画吧。

#1: 在屏幕上画满三角形

用 tkinter 写一个程序来把屏幕上画满三角形。然后修改代码使屏幕上画满用不同颜色填充的三角形。

#2: 移动三角形

修改移动三角形的那段代码（见 10.12 节）来让它先横向向右移动，然后向下移动，再向左移动，最后回到起始位置。

试着用 tkinter 在屏幕画布上显示一张你自己的照片。一定要 GIF 格式的照片才行哦！你能让它在屏幕上横向移动吗？

载入上一个小测验中用到的照片，然后把它缩到很小。

在 macOS 系统上，可以使用预览工具来设置图片大小（选择 Tools → Adjust Size，输入新的宽度和高度。然后单击 File → Export，把它另存为一个新的文件）。

在 Windows 系统上，可以使用画图工具（单击 Resize 按钮，选择宽度和高度，然后单击 File → Save As，把它另存为一个新的文件）。

在 Ubuntu 系统和树莓派上，需要调用一个叫作 GIMP 的应用程序（如果还没有安装这个软件，请参考第 13 章）。在 GIMP 中选择 Image → Scale Image，然后单击 File → Export As，把它另存为一个新的文件。

导入 time 模块，然后使用 sleep 函数（例如 time.sleep(0.5)），让图片显示得更慢一些。

第二部分
弹 球 实 例

第 11 章
你的第一个游戏：弹球

到目前为止，我们已经讲过了计算机编程的基础知识。你已经学会了如何使用变量来存储信息，使用带有 if 条件的代码，还有用 for 循环来重复执行代码等。你知道如何创建函数来重用代码，以及如何使用类和对象把代码划分成小块使得它更容易理解。你已经学会了如何在屏幕上用海龟和 tkinter 模块来绘制图形。现在是时候使用这些知识来创建你的第一个游戏程序了。

11.1 击打反弹球

我们将要开发一个由弹球和球拍构成的游戏。球会在屏幕上飞过来,玩家要用球拍把它弹回去。如果球落到了屏幕底部,那么游戏就结束。图 11-1 是游戏完成后的预览界面。

我们的游戏可能看起来很简单,但代码仍会比我们已经写过的棘手一点,因为它需要处理很多事情。例如,需要把球拍和球做成动画,需要检测球是否击中球拍或墙壁。

在这一章,我们会从创建游戏的画布和画弹球开始。在第 12 章,我们会加上球拍来完成这个游戏。

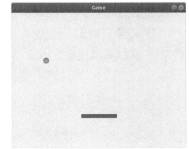

图 11-1　弹球游戏

11.2 创建游戏的画布

要创建你自己的游戏,首先要在 IDLE 程序中打开一个新文件(选择 File → New File)。然后引入 tkinter,并创建一个用来画图的画布:

```
from tkinter import *
import random
import time
tk = Tk()
❶ tk.title('Bounce Game')
tk.resizable(0, 0)
tk.wm_attributes('-topmost',1)
canvas = Canvas(tk, width=500, height=400, bd=0, highlightthickness=0)
canvas.pack()
tk.update()
```

这段代码和之前的例子有些不同。首先,我们用 import random 和 import time 引入了 time 模块和 random 模块,留着以后用。random 模块提供了创建随机数的函数。time 模块有一个有用的函数,它会告诉 Python 将正在做的事情暂停一段时间。

通过 ❶ 处的 tk.title("Bounce Game"),我们用 tk 对象中的 title 函数给窗口加上了一个标题,tk 对象是由 tk = Tk() 创建的。然后我们用 resizable 函数来使窗口的大小不可调整。其中参数 0, 0 的意思是"窗口的大小在水平方向上和垂直方向上都不能改变。"接下来,我们调用 wm_attributes 来告诉 tkinter 把包含画布的窗口放到所有其他窗口之前(-topmost)。

请注意,当我们创建 Canvas 对象时,我们传入了比之前例子更多的具名参数。比方说，bd=0 和 highlightthickness=0 确保在画布之外没有边框，这样会让我们的游戏屏幕看上去更美观一些。canvas.pack() 用于实现按前一行给出的宽度和高度的参数来调整画布的自身大小。然后，tk.update() 让 tkinter 为我们游戏中的动画做好初始化。如果没有最后这一行代码，我们做出的东西和期望的不一样。

要记得一边写一边保存。在第一次保存时给它起个有意义的名字，例如 paddleball.py。

11.3 创建 Ball 类

现在我们要创建球的类。我们从把球画在画布上的代码开始。下面是我们要做的事情。

1. 创建一个名为 **Ball** 的类，它有两个参数，一个是画布，另一个是球的颜色。
2. 把画布保存到一个对象变量中，因为我们会在它上面画球。
3. 将 color 参数的值作为填充色，在画布上绘制一个填充的圆。
4. 把 tkinter 画圆（椭圆）时所返回的 **ID** 保存起来，因为我们要用它来移动屏幕上的小球。
5. 把这个椭圆移动到画布的中央。

这段代码应该加在文件中头三行代码的后面（在 import time 的后面）：

```
from tkinter import *
import random
import time

class Ball:
    def __init__(self, canvas, color):
        self.canvas = canvas
        self.id = canvas.create_oval(10, 10, 25, 25, fill=color)
        self.canvas.move(self.id, 245, 100)

    def draw(self):
        pass
```

首先，我们把类命名为 Ball。然后创建一个初始化函数（在第 8 章中有解释），它有两个参数分别是画布 canvas 和颜色 color。我们把参数 canvas 赋值给对象变量 canvas。

然后，我们调用 create_oval 函数，它用到 5 个参数：左上角的 *x*、*y* 坐标（10 和 10），右下角的 *x*、*y* 坐标（25 和 25），最后是椭圆形的填充颜色。

函数 create_oval 返回它刚画好的这个图形的 ID，我们把它保存到对象变量中。接着把椭圆移到画布的中心（坐标位置245，100）。画布之所以知道要移动什么，是因为我们用保存好的图形 ID 来标识它。

在 Ball 类的最后两行代码中，我们用 def draw(self) 创建了 draw 函数，其函数体只是一个 pass 关键字。目前它什么也不做，稍后我们会给这个函数增加更多的东西。

现在我们已经创建了一个 Ball 类，我们还需要建立这个类的对象（还记得吗？类描述了它能做什么，但是实际上是对象在做这些事情）。把下面的代码加到程序的最后来创建一个红色小球对象：

```
ball = Ball(canvas, 'red')
```

你可以通过 Run→Run Module 来运行程序。如果你在 IDLE 之外来执行此操作，那么画布会出现一下然后马上消失。要防止窗口立马关闭，我们需要增加一个动画循环，我们把它称为"主循环"。（IDLE 已经有了一个主循环，这就是当你运行它时窗口不会消失的原因。）

主循环是程序的中心部分，一般来讲它控制程序中大部分的行为。我们的主循环目前只是让 tkinter 重画屏幕。这个循环（也叫作无限循环）一直运行下去（或者直到我们关闭窗口前），不停地让 tkinter 重画屏幕，然后通过使用 time.sleep 函数休息百分之一秒。我们要把它加到程序的最后面：

```
ball = Ball(canvas, 'red')

while True:
    tk.update_idletasks()
    tk.update()
    time.sleep(0.01)
```

现在如果你运行这段代码，小球就应该出现在画布差不多中间的位置，如图 11-2 所示。

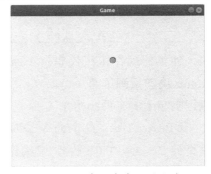

图 11-2　在画布中心的小球

11.4 增加几个动作

现在我们已经写出了小球的类，下面该让小球动起来了。我们要让它移动、反弹，并改变方向。

11.4.1 让小球移动

要让小球移动，我们需要修改 draw 函数：

```
class Ball:
    def __init__(self, canvas, color):
        self.canvas = canvas
        self.id = canvas.create_oval(10, 10, 25, 25, fill=color)
        self.canvas.move(self.id, 245, 100)

    def draw(self):
        self.canvas.move(self.id, 0, -1)
```

因为 __init__ 把 canvas 参数保存为对象变量 canvas 了，所以我们可以用 self.canvas 来使用这个变量，然后调用画布上的 move 函数。

我们给 move 传了 3 个参数：id 是椭圆形的 ID，还有数字 0 和 -1。其中 0 是指不要水平移动，-1 是指在屏幕上向上移动 1 个像素。

我们一次只对程序做这么小的一点改动，这是因为最好的实践方法是一边做一边试验它是否好用。假如我们一次性把游戏的所有代码都写好，然后才发现它不工作，那我们要到哪里去找原因呢？

另一处改动在程序后部的主循环里。在 while 循环的语句块里（那个就是我们的主循环！），我们增加了一个对小球对象 draw 函数的调用，如下：

```
while True:
    ball.draw()
    tk.update_idletasks()
    tk.update()
    time.sleep(0.01)
```

如果你现在运行代码，小球会在画布上向上移动，然后消失，因为代码强制 tkinter 快速重画屏幕（update_idletasks 和 update 这两个命令让 tkinter 快一点把画布上的东西画出来）。

time.sleep 这个命令是对 time 模块的 sleep 函数的调用，它让 Python 休息百分之一秒（0.01 秒）。它确保我们的程序不会运行得过快，以至于我们不会还没看见小球，小球就消失了。

所以，这个循环实现的功能是"把小球移动一点点，在新的位置重画屏幕，休息一会儿，然后从头再来"。

> **NOTE** 在关闭游戏窗口时，你可能会见到 Python Shell 程序中打印出错误信息。这是因为当你关闭窗口时，代码要强行从 while 循环中跳出来，Python 不高兴。我们可以安心地忽略这种类型的错误。

你的游戏代码现在看上去应该是这样的：

```python
from tkinter import *
import random
import time

class Ball:
    def __init__(self, canvas, color):
        self.canvas = canvas
        self.id = canvas.create_oval(10, 10, 25, 25, fill=color)
        self.canvas.move(self.id, 245, 100)

    def draw(self):
        self.canvas.move(self.id, 0, -1)

tk = Tk()
tk.title('Bounce Game')
tk.resizable(0, 0)
tk.wm_attributes('-topmost',1)
canvas = Canvas(tk, width=500, height=400, bd=0, highlightthickness=0)
canvas.pack()
tk.update()

ball = Ball(canvas, 'red')

while True:
    ball.draw()
    tk.update_idletasks()
    tk.update()
    time.sleep(0.01)
```

如果运行这段代码，小球会向上运动，然后在窗口顶端消失。

11.4.2　让小球来回反弹

如果小球只是走到屏幕顶端消失的话，这样的游戏可没什么意思，所以要让它能够反弹。首先，我们在小球 Ball 类的初始化函数里再加上几个对象变量：

```
def __init__(self, canvas, color):
    self.canvas = canvas
    self.id = canvas.create_oval(10, 10, 25, 25, fill=color)
    self.canvas.move(self.id, 245, 100)
    self.x = 0
    self.y = -1
    self.canvas_height = self.canvas.winfo_height()
```

我们给程序加了 3 行代码。其中 self.x = 0 给对象变量 x 赋值 0，然后 self.y = -1 给对象变量 y 赋值 -1。最后，我们调用画布上的 winfo_height 函数来获取画布当前的高度，并把它赋值给对象变量 canvas_height。winfo_height 函数返回画布的当前高度。

接下来，我们再次修改 draw 函数：

```
def draw(self):
    self.canvas.move(self.id, self.x, self.y)
    pos = self.canvas.coords(self.id)
    if pos[1] <= 0:
        self.y = 1
    if pos[3] >= self.canvas_height:
        self.y = -1
```

我们首先把对画布上 move 函数的调用改为传入对象变量 x 和 y。接下来，我们通过调用画布的 coords 函数创建变量 pos。这个函数通过 ID 来返回画布上任何画好的东西的当前的 x 和 y 坐标。在这里，我们给 coords 传入对象变量 id，它就是已画好的圆形的 ID。

coords 函数返回一个由 4 个数字组成的列表来表示坐标。如果我们把函数调用的结果打印出来，就是这样的：

```
print(self.canvas.coords(self.id))
[255.0, 29.0, 270.0, 44.0]
```

列表中的前两个数字（255.0 和 29.0）是椭圆左上角的坐标（$x1$ 和 $y1$），后两个（270.0 和 44.0）是右下角 $x2$ 和 $y2$ 的坐标。我们会在下面的代码中用到这些值。

我们继续判断 $y1$ 坐标（就是小球的顶部）是否小于等于 0。如果是，我们把对象变量 y 设置为 1。这么做的效果就是如果小球撞到了屏幕的顶部，tkinter 将不再继续从纵坐标减 1，这样它就不再继续向上移动了（这是碰撞检测的一个简单版本）。

随后，我们判断 $y2$ 坐标（就是小球的底部）是否大于或等于变量 canvas_height，即画布高度。如果是，我们把对象变量 y 设置为 -1。

现在，小球将停止向下移动，并再次向上移动。

现在运行这段代码，小球应该在画布上上下下弹跳，直到你关闭窗口。

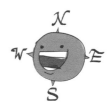

11.4.3　改变小球的起始方向

只是让小球慢慢地上蹿下跳还算不上是什么游戏，让我们来使它更强大一些吧，改变小球的起始方向，也就是游戏开始时小球飞行的角度。在 __init__ 函数里，修改这两行：

```
self.x = 0
self.y = -1
```

将其改成下面这样（要确保每行开头的空格数都是 8 个）：

```
starts = [-3,-2,-1,1, 2, 3]
self.x = random.choice(starts)
self.y = -3
```

首先，我们创建了变量 starts，它是一个由 6 个数字组成的列表。然后用 random.choice 函数来设置 x 变量的值。random.choice 函数返回列表中的一个随机项。通过使用这个函数，x 有可能是列表中的任何一个值，从 −3 到 3。

最后，我们把 y 改成 −3（所以游戏开始时小球向上移动）。现在我们的小球可以向任何方向移动，但是我们需要再改动几个地方来保证小球不会从屏幕两边消失。在 __init__ 函数的结尾加上下面的代码来把画布的宽度保存到一个新的对象变量 canvas_width 中：

```
self.canvas_width = self.canvas.winfo_width()
```

我们会在 draw 函数中使用这个新对象变量来判断小球是否撞到了画布的左边或右边：

```
if pos[0] <= 0 or pos[2] >= self.canvas_width:
    self.x = self.x * -1
```

如果小球的最左边位置小于等于 0，或者小球的最右边位置大于等于画布的宽度，我们做一个有点奇怪的小运算 self.x = self.x * -1。把 x 变量设置为当前 x 的值乘以 −1。所以，如果 x 的值是 2，新的值就是 −2。如果 x 的值是 −3，新的值就是 3。所以，当小球击中一条边，它就会向相反方向弹回。使用画布高度作为 y 并乘以 −1，我们就可以对画布的顶部和底部做类似的检测。现在你的 draw 函数应该是这样的：

```
def draw(self):
    self.canvas.move(self.id, self.x, self.y)
    pos = self.canvas.coords(self.id)
    if pos[0] <= 0 or pos[2] >= self.canvas_width:
        self.x = self.x * -1
    if pos[1] <= 0 or pos[3] >= self.canvas_height:
        self.y = self.y * -1
```

整个程序应该是这样的：

```
from tkinter import *
import random
import time

class Ball:
    def __init__(self, canvas, color):
        self.canvas = canvas
        self.id = canvas.create_oval(10, 10, 25, 25, fill=color)
        self.canvas.move(self.id, 245, 100)
        starts = [-3,-2,-1,1, 2, 3]
        self.x = random.choice(starts)
        self.y = -3
        self.canvas_height = self.canvas.winfo_height()
        self.canvas_width = self.canvas.winfo_width()

    def draw(self):
        self.canvas.move(self.id, self.x, self.y)
        pos = self.canvas.coords(self.id)
        if pos[0] <= 0 or pos[2] >= self.canvas_width:
            self.x = self.x * -1
        if pos[1] <= 0 or pos[3] >= self.canvas_height:
            self.y = self.y * -1

tk = Tk()
tk.title('Bounce Game')
tk.resizable(0, 0)
tk.wm_attributes('-topmost',1)
canvas = Canvas(tk, width=500, height=400, bd=0, highlightthickness=0)
canvas.pack()
tk.update()

ball = Ball(canvas, 'red')

while True:
    ball.draw()
    tk.update_idletasks()
```

```
tk.update()
time.sleep(0.01)
```

保存并运行代码，现在小球应该在屏幕上四处弹来弹去，不会消失了。

11.5　你学到了什么

在这一章中，我们开始用 tkinter 模块写我们的第一个计算机游戏。我们创建了一个小球的对象，把它做成动画在屏幕上四处移动。我们用坐标来检查小球是否撞到画布的边缘，这样我们就可以让它弹回去。我们还使用了 random 模块中的 choice 函数，这样小球就不会每次总是一开始就向同一个方向移动。在下一章中，我们会加上球拍来完成这个游戏。

11.6　编程小测验

#1：修改颜色

尝试修改小球的初始颜色和画布的背景颜色，尝试一些不同的颜色组合并找到你喜欢的那一种颜色组合。

#2：闪烁的颜色

因为代码的结尾部分有一个循环，所以当球在屏幕上四处移动时，修改球的颜色很容易。我们可以在循环中增加一些挑选不同颜色的代码（可以参考我们在本章前面用到的 choice 函数），然后修改球的颜色（或许可以通过调用 Ball 类的一个新的函数）。要做到这一点，你需要使用画布的 itemconfig 函数（参见 10.12 小节）。

#3：各就各位

尝试修改代码，从而让小球的起始位置位于屏幕上不同的位置。你可以使用 random 模块设置随机的位置（参见 12.5.1 小节使用 random_rectangle 函数的示例）。但是，请确保小球开始时不要离球拍太近或者在球拍之下，因为这样游戏就无法进行了。

#4：如何添加球拍？

根据到目前为止我们已经创建的代码，在进入下一章之前，你能想出如何添加球拍吗？如果回顾第 10 章，你可能能够想出来如何绘制球拍。查看后面内容，看看你的想法是否正确。

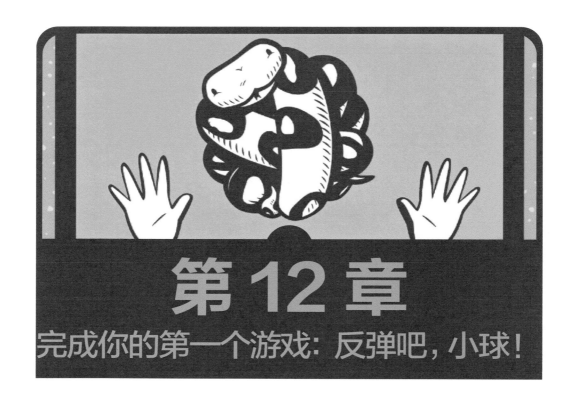

第 12 章
完成你的第一个游戏：反弹吧，小球！

在第 11 章，我们开始写了我们的第一个游戏：反弹球！我们创建了一个画布，并在游戏代码中加了一个弹来弹去的小球。但是我们的小球就只是这样一直在屏幕上弹来弹去，这样可算不上是什么游戏。现在我们要增加一个球拍给玩家用。我们还会给游戏增加一个偶然因素，这样会增加一些游戏的难度，也会更好玩。

12.1　加上球拍

如果没有东西来击打弹回的小球的话，这样的游戏可没什么意思。让我们来加上一个球拍吧！

首先在 Ball 类后面加上下面的代码，来创建一个球拍（要在 Ball 的 draw 函数后面新起一行）：

```
class Paddle:
    def __init__(self, canvas, color):
        self.canvas = canvas
        self.id = canvas.create_rectangle(0, 0, 100, 10, fill=color)
        self.canvas.move(self.id, 200, 300)

    def draw(self):
        pass
```

这些新加的代码几乎和第一个版本的 Ball 类一模一样，只是我们调用了 create_rectangle（而不是 create_oval），而且我们把长方形移到坐标（200，300）（横向 200 像素，纵向 300 像素）处。

接下来，在代码的最后，创建 Paddle 类的一个对象，然后改变主循环来调用球拍的 draw 函数，如下所示：

```
❶ paddle = Paddle(canvas, 'blue')
  ball = Ball(canvas, 'red')

  while True:
      ball.draw()
  ❷ paddle.draw()
      tk.update_idletasks()
      tk.update()
      time.sleep(0.01)
```

可以看到 ❶ 处和 ❷ 处所做的修改。如果现在运行游戏，你应该可以看到反弹小球和一个静止的长方形球拍，如图 12-1 所示。

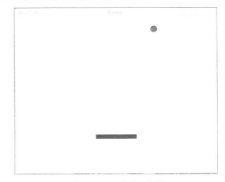

图 12-1　球和球拍

12.2　让球拍移动

要想让球拍左右移动，我们要用事件绑定来把左右方向键绑定到 Paddle 类的新函数上。当玩家按下向左键时，变量 x 会被设置为 -2（向左移）。按下向右键时把变量 x 设置为 2（向右移）。

首先要在 Paddle 类的 __init__ 函数中加上对象变量 x 和一个保存画布宽度的变量，这和我们在 Ball 类中做的一样：

```
def __init__(self, canvas, color):
    self.canvas = canvas
    self.id = canvas.create_rectangle(0, 0, 100, 10, fill=color)
    self.canvas.move(self.id, 200, 300)
 ❶  self.x = 0
 ❷  self.canvas_width = self.canvas.winfo_width()
```

可以看到 ❶ 处和 ❷ 处所做的修改。现在我们需要两个函数来改变移动方向，是向左（turn_left）还是向右（turn_right）。我们会把它们加在 draw 函数的后面：

```
def turn_left(self, evt):
    self.x = -2

def turn_right(self, evt):
    self.x = 2
```

我们可以在类的 __init__ 函数中用以下两行代码来把正确的按键绑定到这两个函数上。在 10.11 节，我们使用绑定让 Python 在按键按下时调用一个函数。在这里，我们把 Paddle 类中的函数 turn_left 绑定到左方向键，它的事件名为 <keyPress-Left>。然后我们把函数 turn_right 绑定到右方向键，它的事件名为 <KeyPress-Right>。现在我们的 __init__ 函数成了这样：

```
def __init__(self, canvas, color):
    self.canvas = canvas
    self.id = canvas.create_rectangle(0, 0, 100, 10, fill=color)
    self.canvas.move(self.id, 200, 300)
    self.x = 0
    self.canvas_width = self.canvas.winfo_width()
 ❶  self.canvas.bind_all('<KeyPress-Left>',self.turn_left)
 ❷  self.canvas.bind_all('<KeyPress-Right>',self.turn_right)
```

可以看到 ❶ 处和 ❷ 处所做的修改。Paddle 类的 draw 函数和 Ball 类的差不多：

```
def draw(self):
    self.canvas.move(self.id, self.x, 0)
    pos = self.canvas.coords(self.id)
    if pos[0] <= 0 or pos[2] >= self.canvas_width:
        self.x = 0
```

我们用画布的 move 函数在变量 x 方向上移动球拍，实现代码为 self.canvas.move(self.id, self.x, 0)。然后，我们使用 pos 中的值得到球拍的坐标来判断它是否撞到了屏幕的左右边界。然而球拍并不应该像小球一样弹回来，它应该停止运动。所以，当左边的 x 坐标（pos[0]）小于或等于 0 时（<= 0），我们用 self.x = 0 来把变量 x 设置为 0。同样地，当右边的 x 坐标（pos[2]）大于或等于画布的宽度时（>= self.canvas_width），我们也把变量 x 设置为 0。

NOTE 如果现在运行程序，你需要先点击一下画布，这样游戏才能识别出你的左右方向键动作。点击画布让画布成为焦点，也就是说当有人在键盘上按下某键时画布将接管接下来的事件。

12.3　判断小球是否击中球拍

现在，小球还不会撞到球拍上。实际上，小球会从球拍上直接飞过去。小球需要知道它是否撞上了球拍，就像小球要知道它是否撞到了墙上一样。

我们可以在 draw 函数里加些代码来解决这个问题（我们已经在 draw 函数中检查是否撞到了墙上），但最好还是把这段代码加到一个新函数里，以把任务拆成小段。如果我们在一个地方写了太多的代码（比方说在一个函数里），代码会变得难于理解。让我们现在就来做这个必要的修改吧。

首先，我们修改小球的 __init__ 函数，这样我们就可以把球拍 paddle 对象作为参数传给它：

```
class Ball:
❶ def __init__(self, canvas, paddle, color):
        self.canvas = canvas
❷    self.paddle = paddle
        self.id = canvas.create_oval(10, 10, 25, 25, fill=color)
```

```
self.canvas.move(self.id, 245, 100)
starts = [-3,-2,-1,1, 2, 3]
self.x = random.choice(starts)
self.y = -3
self.canvas_height = self.canvas.winfo_height()
self.canvas_width = self.canvas.winfo_width()
```

请注意在 ❶ 处我们修改 __init__ 的参数，加上了 paddle。然后在 ❷ 处，我们把球拍 paddle 参数赋值给对象变量 paddle。

保存了 paddle 对象后，我们要修改创建小球 ball 对象的代码。这个改动在程序的底部，在主循环之前：

```
paddle = Paddle(canvas, 'blue')
ball = Ball(canvas, paddle, 'red')

while True:
    ball.draw()
    paddle.draw()
    tk.update_idletasks()
    tk.update()
    time.sleep(0.01)
```

判断小球是否打到了球拍的代码比判断小球是否撞到墙上的代码要复杂一些。我们把这个函数叫作 hit_paddle 并把它加到 Ball 类的 draw 函数中，在 Ball 类中我们还判断小球是否撞到屏幕底部：

```
def draw(self):
    self.canvas.move(self.id, self.x, self.y)
    pos = self.canvas.coords(self.id)
    if pos[1] <= 0 or pos[3] >= self.canvas_height:
        self.y = self.y * -1
❶   if self.hit_paddle(pos) == True:
    ❷     self.y = self.y * -1
    if pos[0] <= 0 or pos[2] >= self.canvas_width:
        self.x = self.x * -1
```

在新增的这段代码中，❶ 处表示如果 hit_paddle 返回真，那么在 ❷ 处我们把 y 对象变量乘以 -1（和小球击打画布顶部或底部相同），从而让它改变方向。这段代码的意思是"如果小球（self）击打到球拍，我们就把它在垂直方向上反转"。

我们可以把检查是否碰到顶部、底部和球拍合并成一条 if 语句，但是对于新手程序员而言，代码分段更容易阅读。

但是现在游戏还不能运行，因为我们还没有创建 hit_paddle 函数。现在就写。

把 hit_paddle 函数写在 Ball 类的 draw 函数之前：

```
def hit_paddle(self, pos):
    paddle_pos = self.canvas.coords(self.paddle.id)
    if pos[2] >= paddle_pos[0] and pos[0] <= paddle_pos[2]:
        if pos[3] >= paddle_pos[1] and pos[3] <= paddle_pos[3]:
            return True
    return False
```

首先，我们定义了一个函数，它有一个参数 pos。该参数包含了小球的当前坐标。然后，我们得到球拍的坐标并把它们放到变量 paddle_pos 中。

接下来是第一部分的 if 语句，它的意思是"如果小球的右侧大于球拍的左侧，并且小球的左侧小于球拍的右侧……"。其中 pos[2] 包含了小球右侧的 x 坐标，pos[0] 包含了左侧的 x 坐标。变量 paddle_pos[0] 包含了球拍左侧的 x 坐标，paddle_pos[2] 包含了右侧的 x 坐标。图 12-2 显示了在小球快要撞到球拍时的这些坐标。

小球正在往球拍方向落下，但是，小球的右侧（pos[2]）还没有碰到球拍的左侧（paddle_pos[0]）。

接下来，我们判断小球的底部（pos[3]）是否在球拍的顶部（paddle_pos[1]）和底部（paddle_pos[3]）之间。在图 12-3 中，你可以看到小球的底部（pos[3]）还没有撞到球拍的顶部（paddle_pos[1]）。

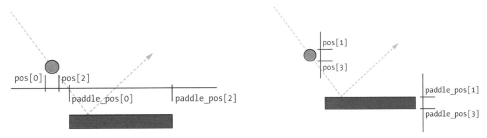

图 12-2　即将击中球拍的小球的横坐标展示　　图 12-3　即将击中球拍的小球的纵坐标展示

因此，基于现在小球的位置，hit_paddle 函数会返回 False。

NOTE　为什么我们要看小球的底部是否在球拍的顶部和底部之间呢？为什么不只是判断小球的底部是否打到了球拍的顶部？因为小球在屏幕上每次移动 3 像素。如果我们只检查小球是否到达了球拍的顶部（pos[1]），我们可能已经跨过了那个位置。这样的话小球仍会继续向前移动，穿过球拍，不会停止。

12.4　增加输赢因素

现在我们要把程序变成一个好玩的游戏，而不只是弹
来弹去的小球和一个球拍。游戏都需要一点输赢因素，让
玩家有可能输掉。在现在的游戏里，小球会一直弹来弹
去，所以没有输赢的概念。

我们会通过添加代码来完成这个游戏，也就是说，如
果小球撞到了画布的底端（也就是落在了地上），游戏就
结束了。

首先，我们在Ball类的 __init__ 函数后面增加一个hit_bottom对象变量：

```
self.canvas_height = self.canvas.winfo_height()
self.canvas_width = self.canvas.winfo_width()
self.hit_bottom = False
```

然后我们修改程序最后的主循环，像这样：

```
while True:
❶   if ball.hit_bottom == False:
        ball.draw()
        paddle.draw()
    tk.update_idletasks()
    tk.update()
    time.sleep(0.01)
```

现在，循环会不断地检查 hit_bottom❶，判断小球是否撞到了屏幕的底端。
假设小球还没有碰到底部，代码会让小球和球拍一直移动，正如你在 if 语句中看
到的一样。当小球和球拍停止运动时，游戏就结束了（我们不再让它们动了）。

最后对 Ball 类的 draw 函数进行修改：

```
def draw(self):
    self.canvas.move(self.id, self.x, self.y)
    pos = self.canvas.coords(self.id)
    if pos[1] <= 0:
        self.y = self.y * -1
❶   if pos[3] >= self.canvas_height:
        self.hit_bottom = True
    if self.hit_paddle(pos) == True:
        self.y = self.y * -1
    if pos[0] <= 0 or pos[2] >= self.canvas_width:
        self.y = self.y * -1
```

我们改变了一条 if 语句，来判断小球是否撞到了屏幕的底部（也就是它是否大于或等于 canvas_height）❶。如果是，在下面一行代码中，我们把 hit_bottom 设置为 True，而不再是改变变量 y 的值，因为一旦小球撞到屏幕的底部，它就不用再弹回去了。

现在运行游戏程序，如果你没用球拍打到小球，那么屏幕上所有的东西就都不动了。小球一旦碰到了画布的底端，游戏就结束了，如图 12-4 所示。

图 12-4　小球碰到了屏幕的底端

你的程序代码应该和下面的一样。如果你的游戏运行不起来，照着下面这段代码来检查一下你的代码吧。

```python
from tkinter import *
import random
import time

class Ball:
    def __init__(self, canvas, paddle, color):
        self.canvas = canvas
        self.paddle = paddle
        self.id = canvas.create_oval(10, 10, 25, 25, fill=color)
        self.canvas.move(self.id, 245, 100)
        starts = [-3,-2,-1,1, 2, 3]
        self.x = random.choice(starts)
        self.y = -3
        self.canvas_height = self.canvas.winfo_height()
        self.canvas_width = self.canvas.winfo_width()
        self.hit_bottom = False

    def hit_paddle(self, pos):
        paddle_pos = self.canvas.coords(self.paddle.id)
        if pos[2] >= paddle_pos[0] and pos[0] <= paddle_pos[2]:
            if pos[3] >= paddle_pos[1] and pos[3] <= paddle_pos[3]:
                return True
        return False

    def draw(self):
        self.canvas.move(self.id, self.x, self.y)
```

```
            pos = self.canvas.coords(self.id)
            if pos[1] <= 0:
                self.y = self.y * -1
            if pos[3] >= self.canvas_height:
                self.hit_bottom = True
            if self.hit_paddle(pos) == True:
                self.y = self.y * -1
            if pos[0] <= 0 or pos[2] >= self.canvas_width:
                self.y = self.y * -1

class Paddle:
    def __init__(self, canvas, color):
        self.canvas = canvas
        self.id = canvas.create_rectangle(0, 0, 100, 10, fill=color)
        self.canvas.move(self.id, 200, 300)
        self.x = 0
        self.canvas_width = self.canvas.winfo_width()
        self.canvas.bind_all('<KeyPress-Left>',self.turn_left)
        self.canvas.bind_all('<KeyPress-Right>',self.turn_right)

    def draw(self):
        self.canvas.move(self.id, self.x, 0)
        pos = self.canvas.coords(self.id)
        if pos[0] <= 0 or pos[2] >= self.canvas_width:
            self.x = 0

    def turn_left(self, evt):
        self.x = -2

    def turn_right(self, evt):
        self.x = 2

tk = Tk()
tk.title('Bounce Game')
tk.resizable(0, 0)
tk.wm_attributes('-topmost',1)
canvas = Canvas(tk, width=500, height=400, bd=0, highlightthickness=0)
canvas.pack()
tk.update()

paddle = Paddle(canvas, 'blue')
ball = Ball(canvas, paddle, 'red')

while True:
```

```
if ball.hit_bottom == False:
    ball.draw()
    paddle.draw()
tk.update_idletasks()
tk.update()
time.sleep(0.01)
```

12.5 你学到了什么

在这一章里，我们用 tkinter 模块完成了我们的第一个游戏程序。我们创建了游戏中的球拍的类，用坐标来检查小球是否撞到了球拍或者游戏画布的边界。我们用事件绑定来把左右方向键绑定到球拍的移动上，然后用主循环来调用 draw 函数制作动画效果。最后，我们给游戏加上了输赢因素，当玩家没有接到球，小球落在画布的底端时游戏就结束了。

12.6 编程小测验

到目前为止，我们的游戏还很简单。要想让我们的游戏变得更专业，还有很多修改可以做。尝试在以下几个方面加强一下你的代码，让它变得更好玩。

#1：游戏延时开始

我们的游戏开始得太快了，你需要先单击画布它才能识别你的左右键。能不能让游戏开始时有一个延时，这样玩家有足够的时间来单击画布？或者，最好可以绑定一个鼠标单击事件，游戏只有在玩家单击后才开始。

提示 1：你已经给 Paddle 类增加了事件绑定，可以考虑从那里开始。

提示 2：鼠标左键的事件绑定是字符串 <Button-1>。

#2：更好的"游戏结束"

现在游戏结束时所有的东西都停下不动了，这对玩家可不够友好。尝试在游戏结束时在屏幕底部写上文字"游戏结束"。你可以用 create_text 函数，其中有一个具名参数 state 很有用，它的值可以是 normal（正常）和 hidden（隐藏）。看看 10.12 节介绍的 itemconfig。再来点挑战：增加一个延时，不要让文字马上跳出来。

#3：让小球加速

如果你会打网球，你就知道当球撞到你的球拍后，有时它飞走的速度比来的时候还快，这要看你挥拍时有多用力。无论球拍是否移动，我们游戏中的小球的速度总是一样的。尝试改变程序把球拍的速度传递给小球。

#4：记录玩家的得分

增加个记分功能如何？每次小球击中球拍就加分。尝试把分数显示在画布的右上角。你可能需要参考 10.12 节中介绍的 itemconfig 函数。

第三部分
火柴人实例

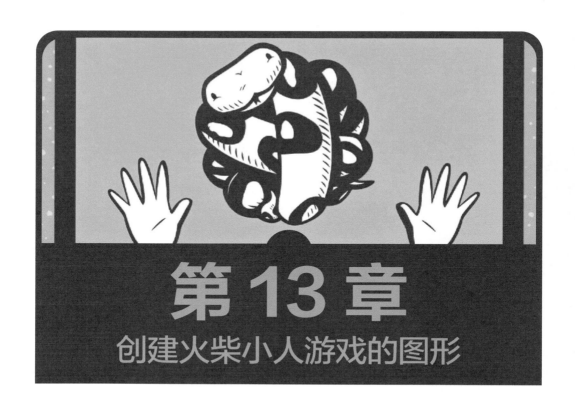

第13章

创建火柴小人游戏的图形

　　在写游戏程序（或者说任何程序）之前最好先做计划。你的计划里应该包含这是什么游戏以及游戏中主要元素和角色等的描述。在你开始编程时，这些描述会帮助你关注于你想要开发的东西。你最后开发出的游戏可能和你原来想象的不一样，这也没有问题。

　　在这一章里，我们要开发一个好玩的游戏，叫作"火柴小人逃脱"。

13.1　火柴小人游戏计划

下面是新游戏的描述。

1. 秘密特工火柴小人被困在了呆头博士的老巢，你想帮助他从顶层的出口逃出去。
2. 游戏中有一个火柴小人，他可以左右跑动，还可以跳跃。在每个楼层都有平台，他必须跳上去。
3. 游戏的目的是尽快到达出口，否则游戏结束。

根据描述，我们知道我们需要几个图形，包括火柴人的几个不同图形、平台和门。我们显然需要用代码把它们放在一起，但是在开始之前，我们先要把游戏的图形都做好。那样的话，下一章我们就有事情做了。

我们当然可以像第 12 章那样使用同样的方式来绘制这些元素，但是那样的话对于这个游戏来讲就太简化了。这一次我们要用"图片精灵"。

图片精灵就是游戏中的物体，一般来讲是某个角色。图片精灵通常是"已经渲染好"的，就是说它们是在程序运行前就已经画好了的，而不是像在弹球游戏中那样由程序用多边形画出的。在这个游戏中，火柴人、平台和门都是"精灵"。要创建这些图形，你需要安装一个图形程序。

13.2　获取 GIMP

有好几个图形程序可以选择，但对于这个游戏来讲，我们需要一个支持"透明化"（有时称为 alpha 通道）的程序，它可以让图片的一部分在屏幕上是没有颜色的。我们需要有透明部分的图形，因为当我们的一个图形与另一个图形交叉或者接近时，我们不想让其中一个的背景盖住另一个图形。例如，在图 13-1 中，背景上的格子图案表示透明的区域。

这样的话，如果我们把整个图形复制粘贴到另一个图形上，它的背景不会盖住任何东西，如图 13-2 所示。

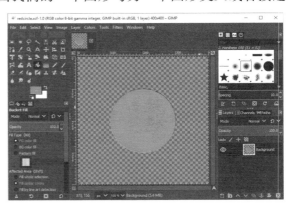

图 13-1　GIMP 中的透明背景

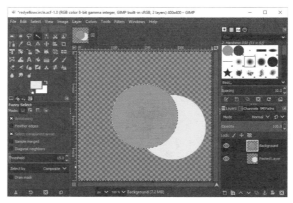

图 13-2　一个图形粘贴到另一个图形上

GNU 图形操作程序（GNU Image Manipulation Program，GIMP）是在 Linux 系统、macOS 系统和 Windows 系统上支持透明图形的免费图形程序。可按如下方式下载和安装。

1. 如果你用的是 Windows 系统或 macOS 系统，你可以在 GIMP 官网页面上找到相应的安装程序。
2. 如果你用的是 Ubuntu，打开 Ubuntu 软件中心，在搜索框中输入 gimp，在结果中选择 GIMP 图形编辑器的安装按钮。
3. 如果你用的是树莓派，使用命令行安装 GIMP 是最简单的方式。打开 Terminal，输入以下命令安装：

```
sudo apt install gimp
```

你还要给你的游戏建一个目录。在桌面空白的地方单击鼠标右键，选择 New（新建）→ Folder（文件夹）（在 Ubuntu 上，操作应为 Create New Folder（创建新文件夹），在 macOS 上是 New Folder（新建文件夹）），输入 stickman 作为文件夹的名字。

13.3　创建游戏中的元素

当你把图形程序安装好后，就可以画图了。我们要创建下面这些游戏元素的图形。

1. 一个简笔画小人儿，他可以向左跑、向右跑和跳跃。
2. 平台，有三种不同大小。
3. 门，一个开启，一个关闭。
4. 游戏背景（只有简单的白色或者灰色背景的游戏会很无聊）。

在开始画图之前，我们需要先准备有透明背景的图形。

13.4 准备一个有透明背景的图形

用以下步骤来准备一个透明的图形，打开 GIMP，然后按以下步骤操作。

1. 选择 File（文件）→ New（新建）。

2. 在对话框中，输入 27 像素作为图形的宽度，30 像素作为高度。

3. 选择 Layer（图层）→ Transparency（透明）→ Add Alpha Channel（增加 Alpha 通道）。

4. 选择 Select（选择）→ All（全部）。

5. 选择 Edit（编辑）→ Cut（剪切）。

这样得到的结果应该就是一个画满深浅间隔的灰色格子的图形，如图 13-3 所示（放大以后）。

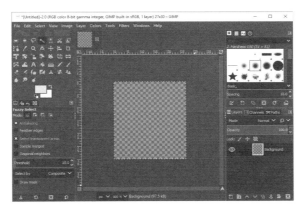

图 13-3 放大的透明背景

现在可以创建我们的秘密特工——火柴人了。

13.5 画火柴人

现在画我们的第一个火柴人图形，单击 GIMP 工具箱里的刷子工具，然后在刷子工具条中选择看上去像一个小点的工具（叫作像素），如图 13-4 所示。

我们会给火柴人画 3 个不同的图形（或者说"帧"）来表示他向右跑和向右跳。我们会用这些帧来制作火柴人的动画，和第 10 章中做的一样。

如果你放大来看这些图形，他们看起来如图 13-5 所示。

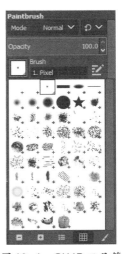

图 13-4 GIMP 工具箱

你的图形不一定完全一样，不过它们起码表示一个火柴人的 3 个不同动作。还要记得每一张都是 27 像素宽，30 像素高。

13.5.1　火柴人向右跑

首先，我们要画一连串火柴人向右跑的帧。先创建第一个图形，步骤如下。

1. 画第一张图形（图 13-5 中最左边的图形）。
2. 选择 File（文件）→ Save As（另存为）。
3. 在对话框中输入 figure-R1.gif 作为名字。然后单击带有 Select File Type（选择文件类型）标签的加号（+）按钮。
4. 在出现的列表中选择 GIF Image（GIF 图形）。
5. 把文件保存到你之前创建的 stickman 目录中（选择 Browse for Other Folders（浏览其他目录）来找到正确的路径）。

用同样的步骤创建一个新的 27 像素 ×30 像素的图形，然后画出图 13-5 中的下一个火柴小人。把它保存为 figure-R2.gif。重复这个过程画出最后一个图形，保存为 figure-R3.gif。

图 13-5　放大的火柴人

13.5.2　火柴人向左跑

我们不用重新画出火柴人向左跑的 3 个图形，只要用 GIMP 来把火柴人向右跑的图形翻转过来。

在 GIMP 中，依次打开每个图形，然后选择 Tools（工具）→ Transform Tools（转换工具）→ Flip（水平翻转）。当你选中图形时，应该就看到它水平翻转了，如图 13-6 所示。把这些图形保存为 figure-L1.gif、figure-L2.gif 还有 figure-L3.gif。

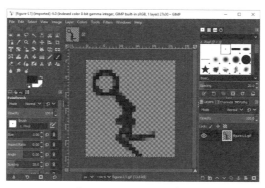

图 13-6　反转的火柴人

现在我们画了 6 个火柴人的图形，但我们还需要平台的图形、门和背景的图形。

13.6 画平台

我们要画 3 个不同大小的平台：一个 100 像素宽、10 像素高，一个 60 像素宽、10 像素高，还有一个 30 像素宽、10 像素高。你可以把平台画成任何你喜欢的样子，不过要确保它们的背景是透明的，和火柴人一样。

把三个平台的图形放大来看，如图 13-7 所示。

和火柴人的图形一样，把它们保存到 stickman 目录下。把最大的那个平台叫 platform1.gif，中间的那个叫 platform2.gif，最小的那个叫 platform3.gif。

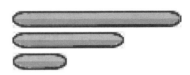

图 13-7 放大的平台

13.7 画门

门的大小应该能装得下火柴人（27 像素宽，30 像素高），而且我们需要两个图形：关上的门和打开的门，如图 13-8 所示（也是放大过的）。

创建这两个图形的步骤如下。

1. 单击前景色的方块（在 GIMP 工具箱的底部）来打开颜色选择器。
2. 选择你想要的门的颜色。我们在图 13-9 中选择了黄色。
3. 选择 Bucket（倒桶）工具（在工具箱中显示选中），用选中的颜色填满画面。
4. 把前景色选为黑色。
5. 选择 Pencil（铅笔）或者 Paintbrush（画笔）工具（在"倒桶"工具的右边），然后画出门的黑色轮廓和把手。
6. 把它们保存到 stickman 目录中，起名为 door1.gif 和 door2.gif。

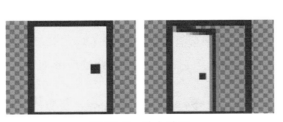

图 13-8 放大的门

图 13-9 GIMP 显示选中的背景颜色

13.8　画背景

我们最后要画出的图形是背景。我们要画一个 100 像素宽、100 像素高的图形。它不需要有透明的背景，因为我们要用同一颜色把它填满，而它将成为游戏中所有元素后面的墙纸。

要创建背景，选择 File（文件）→ New（新建），把图形的大小设置为 100 像素宽和 100 像素高。选择一个合适作为藏身处的墙纸颜色。我选择的是暗粉色。

你可以用小花、条纹、星星或者任何你认为在游戏中合适的图案来装点你的墙纸。例如，如果你要给墙纸加上星星的话，那么选择另一种颜色，选择"铅笔"工具，画出你的第一个星星。然后，用"选择"工具来选中星星，把它在图形上复制粘贴几遍（选择 Edit（编辑）→ Copy（复制），然后选择 Edit（编辑）→ Paste（粘贴））。你可以选中并拖动已粘贴的图形。图 13-10 所示是一个有几个星星的例子，还有在工具箱中选中的选择工具。

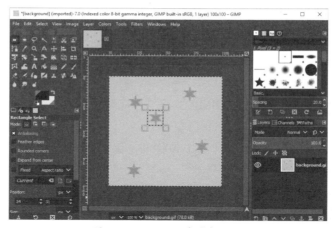

图 13-10　GIMP 中选择工具

如果你对你的画已经满意了，那么把它保存为 stickman 目录下的 background.gif。

13.9　透明

通过创建的这些图形，你会更容易理解为什么需要这些图形（除了背景以外）是透明的。如果火柴人的背景不是透明的，那么把它放到我们的背景墙纸前是什么样子的呢？就是图 13-11 所示的样子。

火柴人的白色背景擦掉了一部分墙纸。但如果我们用透明图形的话，就是图13-12 所示的样子。

图 13-11　火柴人的背景不透明　　　　　图 13-12　火柴人的背景透明

除了小人本身，背景没有被小人的图形挡住。这才叫专业！

13.10　你学到了什么

在这一章里，你学会了如何为游戏制订一个简单的计划，以及应该从哪里入手。我们要制作游戏的话，就需要图形元素，我们用一个图形软件创建游戏中的基本图形。在这个过程中，你学会了如何把图形的背景做成透明的，这样它们就不会挡住屏幕上的其他图形。

在下一章里，我们要创建游戏中的一些类。

第14章
开发火柴人游戏

现在我们已经创建了火柴人逃生游戏的图形，接下来可以开发代码了。在前一章对游戏的描述里我们大体了解了所需要的东西：一个能跑能跳的火柴小人，还有一些他能跳上去的平台。我们需要写代码来显示火柴小人并让他在屏幕上移动，同时也要显示平台。但是在写代码之前，我们先要创建画布来显示背景图形。

14.1 创建 Game 类

首先，我们要创建一个名为 Game 的类，它将是我们程序的主控者。Game 类将有一个 __init__ 函数来初始化游戏，还有一个 mainloop（主循环）函数来做动画。

14.1.1 设置窗口标题以及创建画布

在 __init__ 函数的第一部分，我们要设置窗口标题并创建画布。你会看到，这部分代码和前面第 11 章的弹球游戏差不多。打开你的 IDLE 输入下面的代码，然后将其保存为文件 stickmangame.py。记得把它保存到我们在第 13 章创建的目录里（叫作 stickman）。

```
from tkinter import *
import random
import time

class Game:
    def __init__(self):
        self.tk = Tk()
        self.tk.title('Mr.Stick Man Races for the Exit')
        self.tk.resizable(0, 0)
        self.tk.wm_attributes('-topmost',1)
        self.canvas = Canvas(self.tk, width=500, height=500,\
                             highlightthickness=0)
        self.canvas.pack()
        self.tk.update()
        self.canvas_height = self.canvas.winfo_height()
        self.canvas_width = self.canvas.winfo_width()
```

在这段程序的前半段（从 from tkinter import * 到 self.tk.wm_attributes），我们创建了 tk 对象，然后用 self.tk.title 把窗口标题设置为 Mr.Stick Man Races for the Exit（火柴人逃生）。我们调用 resizable 函数让窗口的大小固定（不能改变大小），然后用 wm_attributes 函数把窗口移到所有其他窗口之前。

接下来，我们通过 self.canvas =Canvas 创建了画布，并调用了画布对象 tk 上的 pack 和 update 函数。最后，我们给 Game 类创建了两个变量 height 和 width，用来保存画布的高和宽（我们使用 winfo_height 和 winfo_width 函数得到画布的大小）。

NOTE　代码 self.canvas = Canvas 那一行中的反斜杠（\）只是用来把一行很长的代码拆开。这不是必需的，我把它放在这儿是出于可读性考虑，否则这一行在书页里排不下。

14.1.2　完成 __init__ 函数

现在把 __init__ 函数的剩余部分输入你刚创建的 stickmangame.py 里吧。这些代码会载入背景图形并把它们显示在画布上。

```
     self.tk.update()
     self.canvas_height = self.canvas.winfo_height()
     self.canvas_width = self.canvas.winfo_width()
     self.bg = PhotoImage(file='background.gif')
     w = self.bg.width()
     h = self.bg.height()
❶  for x in range(0, 5):
  ❷   for y in range(0, 5):
          self.canvas.create_image(x * w, y * h,
                   image=self.bg, anchor='nw')
     self.sprites = []
     self.running = True
```

在 self.bg 开始的行中，我们创建了变量 bg，它装载着一个 PhotoImage 对象（我们在第 13 章创建的名为 background.gif 的背景图形）。接下来，我们把图形的高和宽保存到变量 w 和 h 中。PhotoImage 类的函数 width 和 height 分别返回载入的图形的宽和高。

接下来函数中有两个循环。让我们来理解一下它们是做什么的。想象你有一个方形的小橡皮章、印泥和一大张纸。你怎样才能用你的小印章把整张纸印满带颜色的方块呢？当然你可以随意地在纸上印直到印满。其结果看上去会是乱七八糟的，而且也要印很久才行。你还可以从上到下先印第一列，然后从下一列的开头再印，如图 14-1 所示。

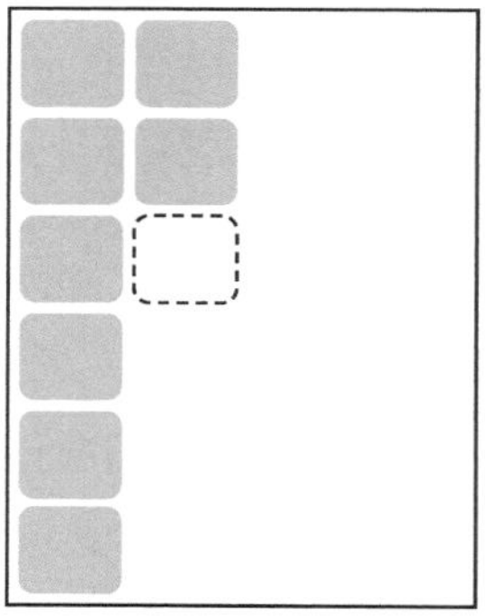

我们在第 13 章创建的背景图形就是我们的印章。我们知道画布是 500 像素宽、500 像素高，我们的背景图形是 100 像素的方块。这就是说要填满屏幕我们需要 5 行 5 列。我们用 ❶ 处的循环来计算列，用 ❷ 处的循环来计算行。

我们把第一个循环变量 x 和图形的宽度相乘（x * w）来得到图形的水平位置。然后用第二个循环变量 y 乘以图形的高度（y * h）来得到图形的垂直位置。我们用画布对象上的 create_image 函数（self.canvas.create_image）来把图形画在这些坐标上。

图 14-1　把整张纸印满方块

最后，我们创建变量 sprites，它是一个空列表；创建变量 running，它的值是布尔值 True。我们会在后续的游戏代码中用到这些变量。

14.1.3　创建主循环函数

我们要用 Game 类中的 mainloop 函数来实现游戏的动画效果。这个函数有点像我们在第 11 章里写的弹球游戏的主循环。下面是它的代码：

```
for x in range(0, 5):
    for y in range(0, 5):
        self.canvas.create_image(x * w, y * h,
                image=self.bg, anchor='nw')
self.sprites = []
self.running = True

def mainloop(self):
    while True:
        if self.running == True:
            for sprite in self.sprites:
                sprite.move()
        self.tk.update_idletasks()
        self.tk.update()
        time.sleep(0.01)
```

我们写了一个 while 循环，它会一直运行直到游戏窗口关闭（while True 是一个无限循环，我们在第 2 章中见到过）。然后，我们判断变量 running 是否为 True。如果是，我们循环遍历精灵列表（self.sprites）中的所有精灵，调用它们的 move 函数。（当然了，我们还没有创建任何精灵，所以如果你现在运行这段代码它不会做任何事，但是后面它会有用处。）

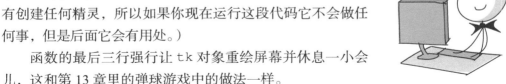

函数的最后三行强行让 tk 对象重绘屏幕并休息一小会儿，这和第 13 章里的弹球游戏中的做法一样。

加上下面这两行代码（注意这两行代码前面没有缩进）并保存，你就可以运行它们了：

```
g = Game()
g.mainloop()
```

NOTE　一定要把这两行代码加到游戏文件的最后。同时，确保你的图形文件和 Python 文件在同一个目录下。如果你把图形文件保存在第 13 章中创建的 stickman 目录中，那么 Python 文件也应该在那里。

这段代码创建了一个 Game 类的对象并把它保存到变量 g 中。然后调用新对象上的 mainloop 函数开始在屏幕上画图。

保存好程序后，在 IDLE 中选择 Run（运行）→ Run Module（运行模块）来运行它。你会看到画布上出现了有背景图案的窗口，如图 14-2 所示。

我们已经给游戏加上了漂亮的背景，还创建了一个动画循环，该循环将为我们画出精灵（不过要等它们创建出来以后）。

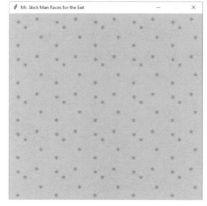

图 14-2　游戏背景

14.2　创建坐标类

现在我们要创建一个用来指定精灵在游戏屏幕上位置的类。这个类会保存游戏中任意物体的左上角（x1 和 y1）坐标以及右下角（x2 和 y2）的坐标。

图 14-3 展示了如何使用这些坐标记录火柴人的位置。

我们给这个新的类起名为 Coords，它只有一个 __init__ 函数，该函数有 4 个参数（x1、y1、x2 和 y2）。下面是要添加的代码（把它加到 stickmangame.py 文件的开头）：

```
class Coords:
    def __init__(self, x1=0, y1=0, x2=0, y2=0):
        self.x1 = x1
        self.y1 = y1
        self.x2 = x2
        self.y2 = y2
```

请注意每个参数都被保存为一个同名的对象变量（x1、y1、x2 和 y2）。我们稍后会使用这个类的对象。

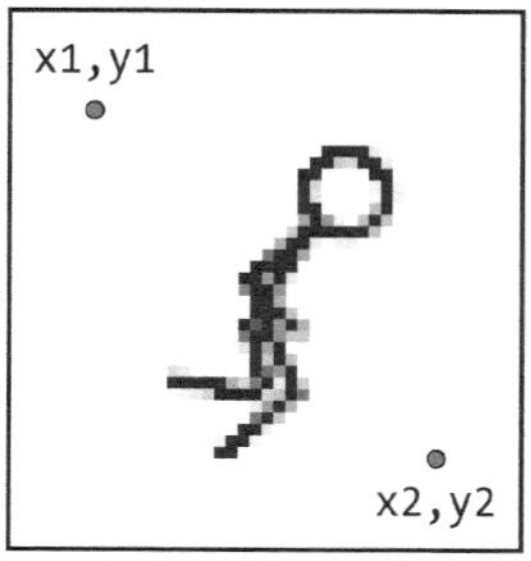

14.3　冲突检测

当我们知道如何保存游戏中精灵的位置后，我们需要判断一个精灵是否与另一个精灵的位置冲突，比方说火柴人在屏幕上跳来跳去时是否撞到了平台。为了让问题简化一些，我们可以把它拆成两个小一点的问题：检测两个精灵是否在垂直方向上冲突和检测精灵是否在水平位置上冲突。然后我们可以把两个小解决方案合在一起，可以很容易地看出两个精灵是否有冲突！

图 14-3　火柴人坐标

14.3.1 精灵在水平方向上冲突

首先，我们会创建 within_x 函数来判断一组 x 坐标（$x1$ 和 $x2$）是否与另一组 x 坐标有重叠。有多种方法可以解决这个问题，下面是一个简单的方式，你可以把它加在 Coords 类的后面：

```
class Coords:
    def __init__(self, x1=0, y1=0, x2=0, y2=0):
        self.x1 = x1
        self.y1 = y1
        self.x2 = x2
        self.y2 = y2

def within_x(co1, co2):
 ❶ if co1.x1 > co2.x1 and co1.x1 < co2.x2:
        return True
 ❷ elif co1.x2 > co2.x1 and co1.x2 < co2.x2:
        return True
    elif co2.x1 > co1.x1 and co2.x1 < co1.x2:
        return True
    elif co2.x2 > co1.x1 and co2.x2 < co1.x2:
        return True
    else:
        return False
```

within_x 函数的参数是 co1 和 co2，都是 Coords 类的对象。在 ❶ 处，我们判断第一个坐标对象的最左边（co1.x1）是否在第二个坐标对象的最左边（co2.x1）和最右边（co2.x2）之间。如果是的话返回 True。

让我们来看看 x 坐标上有重复部分的两条直线是什么样子的，它能帮助我们理解这个问题。每条线从 $x1$ 开始到 $x2$ 结束，如图 14-4 所示。

图 14-4 中第一条线（co1）从像素位置 50（x1）开始，到 100（x2）结束。第二条线（co2）从位置 40 开始到 150 结束。在这种情况下，因为第一条线的位置 $x1$ 在第二条线的 $x1$ 和 $x2$ 之间，那么我们函数中的第一个 if 语句对于这两组坐标来讲就为真。

在 ❷ 处的第一条 elif 语句中，我们看看第一条线的最右位置（co1.x2）是否在第二条线的最左（co2.x1）和最右（co2.x2）之间。如果是，我们返回真。接下来的两条 elif 语句做几乎相同的事情，它们判断第二条线（co2）的最左位置和最右位置是否在第一条线（co1）中间。

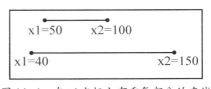

图 14-4 在 x 坐标上有重复部分的直线

如果以上 if 语句都不成立，我们就来到了 else 语句，并返回 False。它的意思就是"不，这两个坐标对象在水平位置上没有重叠"。

回头看看图 14-4，让我们找个例子来试试这个函数是否好用。第一个坐标对象的 x1 和 x2 位置分别是 50 和 100，第二个坐标对象的 x1 和 x2 分别是 40 和 150。当我们调用 within_x 函数时结果是这样的：

```
>>> c1 = Coords(50, 50, 100, 100)
>>> c2 = Coords(40, 40, 150, 150)
>>> print(within_x(c1, c2))
True
```

函数返回了 True。这是判断一个精灵是否撞到了另一个精灵的第一步。例如，当我们创建了火柴人的类和平台的类，我们就能够判断它们在 *x* 坐标上是否有重叠。

写很多 if 或者 elif 语句但都返回相同的值，这并不是好的编程方法。要解决这个问题，我们可以用括号把 within 函数中的条件括起来，用 or 关键字来连接它们，这样可以让函数变得短一些。如果你想让函数更整洁、行数更少，你可以把函数改成这样：

```
def within_x(co1, co2):
    if (co1.x1 > co2.x1 and co1.x1 < co2.x2) \
            or (co1.x2 > co2.x1 and co1.x2 < co2.x2) \
            or (co2.x1 > co1.x1 and co2.x1 < co1.x2) \
            or (co2.x2 > co1.x1 and co2.x2 < co1.x2):
        return True
    else:
        return False
```

我们用反斜杠（\）把 if 语句分成跨多行的形式，而不是用很长的一行来包含所有的条件，如上所示。

14.3.2 精灵在垂直方向上冲突

我们也需要知道精灵是否在纵向有重叠。within_y 函数和 within_x 函数相似。我们判断第一个精灵的 y1 的位置是否在第二个精灵的 y1 和 y2 之间，反之亦然。下面给出了这个函数（把它放在 within_x 函数的后面）的代码，这次我们直接写出较短版本的代码（而不是很多 if 语句）：

```
def within_y(co1, co2):
    if (co1.y1 > co2.y1 and co1.y1 < co2.y2) \
            or (co1.y2 > co2.y1 and co1.y2 < co2.y2) \
            or (co2.y1 > co1.y1 and co2.y1 < co1.y2) \
            or (co2.y2 > co1.y1 and co2.y2 < co1.y2):
        return True
```

```
    else:
        return False
```

within_x 函数和 within_y 函数看起来非常相似，因为它们最终做的事情也类似。

14.3.3 把它们放在一起：最终的冲突检测代码

现在我们可以判断两个东西的 x 坐标是否有重叠和 y 坐标是否有重叠，那么就可以写一个函数来判断一个精灵是否与另一个相撞，以及是哪一侧相撞。我们可以用函数 collided_left（左侧相撞）、collided_right（右侧相撞）、collided_top（顶部相撞）和 collided_bottom（底部相撞）来表示不同方位的碰撞。

1. collided_left 函数

下面是 collided_left 函数，你可以把它加在两个 within 函数的后面：

```
def collided_left(co1, co2):
    if within_y(co1, co2):
        if co1.x1 >= co2.x1 and co1.x1 <= co2.x2:
            return True
    return False
```

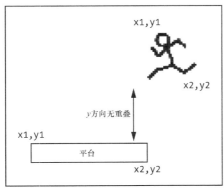

图 14-5　在平台上方的火柴人

这个函数告诉我们第一个坐标对象的左侧（x1）是否撞到了另一个坐标对象。

这个函数有两个参数：co1（第一个坐标对象）和 co2（第二个坐标对象）。我们用 within_y 函数来判断两个坐标纵向是否有重叠。如果火柴小人在远离平台的上方时没必要去判断它们是否相撞，如图 14-5 所示。

我们判断第一个坐标对象的最左侧（co1.x1）是否撞到了第二个坐标对象的 x2 位置（co2.x2），也就是是否小于等于 x2 位置。我们还可以判断它是否超出了 x1 位置。如果它撞到了边上，我们返回 True。如果这些 if 语句都不为真，我们返回 False。

2. collided_right 函数

collided_right 函数和 collided_left 看起来差不多：

```
def collided_right(co1, co2):
    if within_y(co1, co2):
        if co1.x2 >= co2.x1 and co1.x2 <= co2.x2:
            return True
    return False
```

和 collided_left 一样，我们用 within_y 函数来判断 y 坐标是否重叠。然后判断 x2 的值是否在第二个坐标对象的 x1 和 x2 之间，是的话返回 True，否则返回 False。

3. collided_top 函数

collided_top 函数和前面的两个函数差不多：

```
def collided_top(co1, co2):
    if within_x(co1, co2):
        if co1.y1 >= co2.y1 and co1.y1 <= co2.y2:
            return True
    return False
```

这次的不同点在于，我们用 within_x 函数来判断坐标是否在水平方向有重叠。我们判断第一个坐标的顶部位置（co1.y1）是否与第二个坐标的 y2 位置重叠，而不是 y1 的位置。如果是，我们返回 True（意味着第一个坐标的顶部撞到了第二个坐标。）

4. collided_bottom 函数

你想必已经想到这 4 个函数中的其中一个会难一点。下面是 collided_bottom 函数：

```
def collided_bottom(y, co1, co2):
    if within_x(co1, co2):
        y_calc = co1.y2 + y
      ❶ if y_calc >= co2.y1 and y_calc <= co2.y2:
            return True
    return False
```

这个函数多了一个参数 y，它是给第一个坐标的 y 方向增加的值。我们的 if 语句判断坐标是否在水平方向上有重叠（这和 collided_top 一样）。接下来，我们把参数 y 加上第一个坐标的 y2 位置，并把结果保存在 y_calc 中。在 ❶ 处，如果这个新计算出来的值在第二个坐标的 y1 和 y2 之间的话，程序返回 True，因为坐标 co1 的底部撞上了 co2 的顶部。如果这些 if 语句都不为真的话，程序返回 False。

我们之所以需要这个额外的参数 y，是因为火柴人可能会从平台上掉下来。与其他的 collided 函数不同，我们要能够判断他是否会掉到底，而不是他是否已经掉到底了。如果他从一个平台走下来后一直停在半空中的话，我们的游戏就太不真实了。所以，在他走路时，我们检查他的左右两侧是否撞上了什么东西。然而，当我们检查他落下时，我们要判断他是否会撞上平台。如果不会，那他就要摔死了！

14.4　创建精灵类

我们把游戏中精灵的父类叫作 Sprite。这个类会提供两个函数：move 用于移动精灵，coords 用于返回精灵当前在屏幕上的位置。我们在 collided_bottom 函数下添加 Sprite 类的代码，如下所示：

```
class Sprite:
    def __init__(self, game):
        self.game = game
        self.endgame = False
        self.coordinates = None

    def move(self):
        pass

    def coords(self):
        return self.coordinates
```

Sprite 类的 __init__ 函数只有一个参数 game。这个参数是游戏 game 的对象。加上这个参数是想让我们创建的每个精灵都能访问游戏中其他精灵的列表。我们把 game 参数保存在一个对象变量中。

我们设置对象变量 endgame，它用来表示游戏是否已经结束（在此时此刻，它是 False）。最后一个对象变量 coordinates 被设置为空值（None）。

move 函数在父类里什么也不做，所以函数体中只用了 pass 关键字。coords 函数只是返回对象变量 coordinates 的值。

我们的 Sprite 类有一个 move 函数，它什么也不做；还有一个 coords 函数，它也不会返回任何坐标。这听起来都没什么用处，不是吗？然而我们知道，任何以 Sprite 为父类的类都会有 move 和 coords 函数。所以，在游戏的主循环中，当我们依次访问一个精灵的列表时，我们可以调用它们的 move 函数，而且不会产生任何错误。为什么呢？因为每个精灵都有这个函数。

NOTE　有些类中的函数什么也不做，这在编程中很常见。从某种意义上讲，这是一种共识或者说约定，确保一个类的所有子类都提供同样的功能，尽管有时子类中的函数什么也不做。

14.5　添加平台类

现在我们要添加平台了。我们把平台对象的类叫作 PlatformSprite，它是 Sprite 类的子类。其中的 __init__ 函数有一个 game 参数（和父类 Sprite 一样），还有一个图形（pohoto_image），以及 x 和 y 坐标，外加图形的宽度（width）和高度（height）。下面是 PlatformSprite 类的代码，它直接放在 Sprite 类下面：

```
class PlatformSprite(Sprite):
    def __init__(self, game, photo_image, x, y, width, height):
        Sprite.__init__(self, game)
        self.photo_image = photo_image
        self.image = game.canvas.create_image(x, y,
                image=self.photo_image, anchor='nw')
        self.coordinates = Coords(x, y, x + width, y + height)
```

当我们定义 PlatformSprite 类时，我们给它的唯一的参数是它的父类（Sprite）。__init__ 函数有 7 个参数，分别为 self、game、photo_image、x、y、width 和 height。

我们调用父类 Sprite 的 __init__ 函数，用 self 和 game 作为参数的值，因为除了 self 参数，Sprite 类的 __init__ 函数只有一个参数 game。

此时此刻，如果我们创建一个 PlatformSprite 对象，它会有父类中的所有对象变量（game、endgame 和 coordinates），这些就是因为我们调用了 Sprite 中的 __init__ 函数。

接下来，我们把 photo_image 参数保存到对象变量中，并且用 game 对象中的 canvas 变量的 create_image 来在屏幕上画出图形。

最后，我们创建一个 Coords 对象，把参数 x 和 y 作为它的前两个参数。然后我们把 width 和 height 参数作为后面两个参数。

尽管 coordinates 变量在父类 Sprite 中被设置为 None，但我们在 PlatformSprite 子类中把它变成了一个真正的 Coords 对象，它的值是平台图形在屏幕上的真实位置。

14.5.1　加入平台对象

让我们给游戏加入一个平台对象来看看它是什么样子的。把游戏文件（stickmangame.py）的最后两行改成这样：

```
    g = Game()
❶ platform1 = PlatformSprite(g, PhotoImage(file='platform1.gif'),
```

```
                         0, 480, 100, 10)
❷ g.sprites.append(platform1)
  g.mainloop()
```

在 ❶ 处，我们创建了一个 PlatformSprite
类的对象，把代表游戏的变量（g）和一个
PhotoImage 对象（它使用了我们的第一个平
台图形 platform1.gif）传给它。我们还给它传
入了我们想让平台出现的位置（横向为 0 像素，
纵向为 480 像素，接近画布的底部），还有图
形的高和宽（100 像素宽，10 像素高）。我们
在 ❷ 处把它加入游戏 game 对象的精灵列表里。

如果你现在运行游戏，你应该会在屏幕的
左下角看到一个平台，如图 14-6 所示。

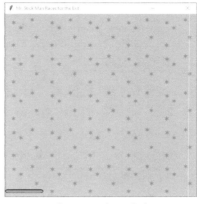

图 14-6　加入平台

14.5.2　添加很多平台

让我们来添加更多的平台吧。每个平台的 x 和 y 都不一样，这样它们就会分布
在屏幕的不同位置上。下面是我们用到的代码：

```
g = Game()
platform1 = PlatformSprite(g, PhotoImage(file='platform1.gif'),
                           0, 480, 100, 10)
platform2 = PlatformSprite(g, PhotoImage(file='platform1.gif'),
                           150, 440, 100, 10)
platform3 = PlatformSprite(g, PhotoImage(file='platform1.gif'),
                           300, 400, 100, 10)
platform4 = PlatformSprite(g, PhotoImage(file='platform1.gif'),
                           300, 160, 100, 10)
platform5 = PlatformSprite(g, PhotoImage(file='platform2.gif'),
                           175, 350, 66, 10)
platform6 = PlatformSprite(g, PhotoImage(file='platform2.gif'),
                           50, 300, 66, 10)
platform7 = PlatformSprite(g, PhotoImage(file='platform2.gif'),
                           170, 120, 66, 10)
platform8 = PlatformSprite(g, PhotoImage(file='platform2.gif'),
                           45, 60, 66, 10)
platform9 = PlatformSprite(g, PhotoImage(file='platform3.gif'),
                           170, 250, 32, 10)
platform10 = PlatformSprite(g, PhotoImage(file='platform3.gif'),
                            230, 200, 32, 10)
g.sprites.append(platform1)
g.sprites.append(platform2)
```

```
g.sprites.append(platform3)
g.sprites.append(platform4)
g.sprites.append(platform5)
g.sprites.append(platform6)
g.sprites.append(platform7)
g.sprites.append(platform8)
g.sprites.append(platform9)
g.sprites.append(platform10)
g.mainloop()
```

我 们 创 建 了 很 多 PlatformSprite
对 象 ， 把 它 们 保 存 到 platform1、
platform2、platform3…platform10
这 些 变 量 中 。 然 后 把 每 个 平 台 都 加 入
sprites 变 量 中 ，sprites 变 量 是 在
Game 类 中 创 建 的 。 如 果 你 现 在 运 行 游 戏 ，
那 么 它 看 起 来 如 图 14-7 所 示 。

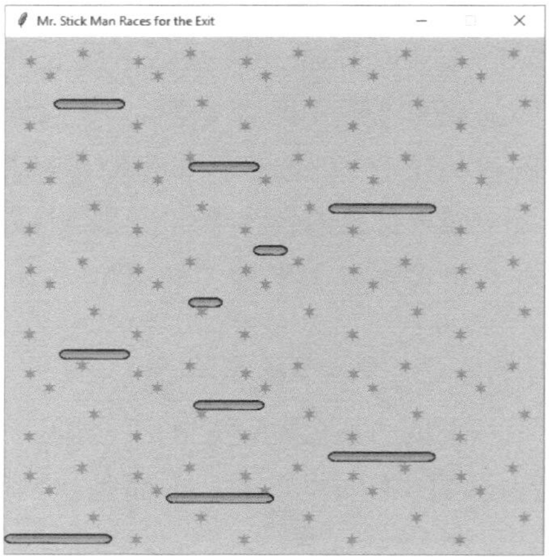

我们已经打好了游戏的基础！现在，我
们可以加入游戏的主角——火柴人了。

14.6　你学到了什么

图 14-7　显示所有的平台

在这一章中，你创建了 Game 类，并把背景图形像墙纸一样画出来。你学会了
如何用函数 within_x 和 within_y 来判断两个对象是否在水平或者垂直方向上
有重叠。然后你运用这两个函数创建了一个新函数，判断一个坐标对象是否与另一
个相撞。在下一章，当我们让火柴人动起来时，需要检测他在画布上四处活动时是
否撞到了平台。

我们还创建了一个父类 Sprite，还有它的第一个子类 PlatformSprite，
我们用它来把平台画到画布上。

14.7　编程小测验

下面的这些编程测验要用到不同的操作游戏背景的方法。

#1：格子图

试着修改 Game 类，把背景画成格子图案，如图 14-8 所示。

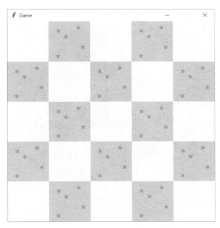

图 14-8　格子图案的背景

#2：由两种图形构成的格子图

当你弄明白如何画出格子图的效果后，试试用两个图形交替填充。再做一个墙纸图形（使用图形程序），然后修改 Game 类让它用两个图形交替画出格子图案，而不是只画一种图形和空白交替的背景。

#3：书架与灯

你可以创建不同的墙纸图形来让游戏的背景看上去更有趣。复制一个背景图形，然后在上面画一个简单的书架。或者你可以画一个桌子，上面有灯或者窗子。然后修改 Game 类把它们显示在屏幕上，让屏幕载入（并显示）三四个不同的墙纸图形。

#4：随机背景

作为由两种图形构成的格子图案的替代方案，请尝试创建 5 个不同的背景图像。可以将它们绘制为背景图像的重复图案（1、2、3、4、5、1、2、3、4、5 等），也可以随机绘制它们。

提示：如果你导入了 random 模块并将图像放在列表中，请尝试使用 random.choice() 来随机选择一个图像。

第15章

创建火柴人

　　在这一章里，我们要创建火柴人逃脱游戏的主角——火柴人。这会用到目前为止对我们来讲最复杂的代码，因为火柴人要左右跑动、跳跃，在撞到平台时要停止，在跑出平台边缘时还会跌落。我们要用左右键的事件绑定来让火柴人左右跑动，在玩家按下空格键时我们还要让他跳起来。

15.1　初始化火柴人

我们新的火柴人类的 `__init__` 函数和目前为止我们的其他类的同一函数很相似。我们给这个新类起名为 StickFigureSprite。和之前类一样，这个类的父类也是 Sprite：

```
class StickFigureSprite(Sprite):
    def __init__(self, game):
        Sprite.__init__(self, game)
```

这段代码第 14 章的 PlatformSprite 类差不多，只是这里没有任何额外的参数（除了 self 和 game）。这是因为，和 PlatformSprite 类不同，游戏只用到 StickFigureSprite 对象。

15.1.1　载入火柴人图形

因为屏幕上有很多平台对象，所以我们把平台的图形作为 PlatformSprite 类的 `__init__` 函数的参数（这就好像是在说，"平台精灵，请你在屏幕上绘图时使用这个图形"）。但是因为屏幕上只有一个火柴人，所以从外面向精灵传入图形就没有意义了。StickFigureSprite 类知道如何载入自己的图形。

接下来几行的 `__init__` 函数分别载入向左的 3 个图形（火柴人向左跑的动画）和向右的 3 个图形（火柴人向右跑的动画）。我们现在就要载入它们，因为我们不想每次在屏幕上显示火柴人时都重新载入（这样做太浪费时间，会让我们的游戏运行得很慢）。

```
class StickFigureSprite(Sprite):
    def __init__(self, game):
        Sprite.__init__(self, game)
      ❶ self.images_left = [
            PhotoImage(file='figure-L1.gif'),
            PhotoImage(file='figure-L2.gif'),
            PhotoImage(file='figure-L3.gif')
        ]
      ❷ self.images_right = [
            PhotoImage(file='figure-R1.gif'),
            PhotoImage(file='figure-R2.gif'),
            PhotoImage(file='figure-R3.gif')
        ]
```

```
❸ self.image = game.canvas.create_image(200, 470,
             image=self.images_left[0], anchor='nw')
```

这段代码载入了用来做向左跑动画的 3 个图形和向右跑动画的 3 个图形。

在 ❶ 和 ❷ 处，我们创建了对象变量 images_left 和 images_right。每个变量都包含一个我们在第 10 章创建的 PhotoImage 对象的列表，该列表是用来显示向左跑和向右跑的火柴人的。

在 ❸ 处，我们用画布的 create_image 函数在位置 (200, 470) 画出第一个图形 images_left[0]，它把火柴人放在游戏屏幕的中间、画布的底部。create_image 函数返回在画布画出的图形的 ID。我们把这个 ID 保存在对象变量 image 中，留着以后用。

15.1.2 设置变量

__init__ 函数接下来的部分设置了更多以后会用到的变量：

```
  self.image = game.canvas.create_image(200, 470,
             image=self.images_left[0], anchor='nw')
❶ self.x = -2
❷ self.y = 0
  self.current_image = 0
  self.current_image_add = 1
  self.jump_count = 0
  self.last_time = time.time()
  self.coordinates = Coords()
```

在 ❶ 和 ❷ 处，对象变量 x 和 y 是火柴人在屏幕上移动时的水平位置（x1 和 x2）或者垂直位置 (y1 和 y2) 每次增加的量。

正如你在第 11 章中所学到的，为了用 tkinter 模块来做动画，我们增加对象的 x 或 y 坐标来让它在画布上移动。通过把 x 设置为 −2，把 y 设置为 0，这样会对 x 坐标减去 2，y 坐标没有变化，这样火柴人就会向左跑。

NOTE 　负的 x 值代表在画布上向左跑，正的 x 值代表向右跑。负的 y 值代表向上移动，正的 y 值代表向下移动。

然后我们创建了对象变量 current_image 来保存当前在屏幕上显示的图形的索引位置。面向左边的图形列表 images_left 中包含 figure-L1.gif、figure-L2.gif 和 figure-L3.gif。它们的索引位置分别是 0、1 和 2。

变量 current_image_add 中将包含一个数字，我们把它加到 current_

image 变量保存的索引位置上来得到下一个索引位置。例如，如果现在正在显示的是索引位置为 0 的图形，我们加 1 来得到索引 1 的图形，然后再加 1 得到列表中最后一个即索引位置 2 的图形（你将在下一章见到我们如何用它来做出动画）。

变量 jump_count 是一个计数器，我们在火柴人跳跃时会用到它。变量 last_time 用于记录上一次我们移动火柴人的时间。我们用 time 模块的 time 函数获得当前时间。

最后，我们把对象变量 coordinates 设置为 Coords 类的对象，但是没有给出初始参数（x1、y1、x2 和 y2 都是 0）。和平台不同的是，火柴人的坐标会改变，因此我们将在以后设置这些值。

15.1.3　与键盘按键绑定

在 __init__ 函数的最后部分，bind 函数把按键与代码中按键后需要运行的部分绑定：

```
self.jump_count = 0
self.last_time = time.time()
self.coordinates = Coords()
game.canvas.bind_all('<KeyPress-Left>',self.turn_left)
game.canvas.bind_all('<KeyPress-Right>',self.turn_right)
game.canvas.bind_all('<space>', self.jump)
```

我们把 <KeyPress-Left> 绑定到函数 turn_left，<KeyPress-Right> 绑定到函数 turn_right，<space>（空格键）绑定到函数 jump（跳跃）。现在我们需要创建这些函数来让火柴人移动。

15.2　让火柴人向左转和向右转

turn_left 和 turn_right 函数要确保火柴人没有在跳跃状态中，然后设置对象变量 x 的值来让他向左或向右移动。（游戏不允许他在半空中改变方向。）

```
game.canvas.bind_all('<KeyPress-Left>',self.turn_left)
game.canvas.bind_all('<KeyPress-Right>',self.turn_right)
game.canvas.bind_all('<space>', self.jump)

def turn_left(self, evt):
    if self.y == 0:
    ❶ self.x = -2
```

```
def turn_right(self, evt):
    if self.y == 0:
    ❷ self.x = 2
```

当玩家按下左方向键时，Python 会调用函数 turn_left，并传入一个带有玩家动作信息的对象作为参数。这个对象叫作事件对象（event object），我们给这个参数起名为 evt。

NOTE　　事件对象对于我们的目的来讲并不重要，但是我们的函数中还是需要有这个参数，否则的话会收到出错信息，因为 Python 认为它应该在那里。事件对象包含如鼠标的 x 和 y 坐标信息（对于鼠标事件）、标识按键的编码（对于键盘事件）以及其他信息。对于这个游戏，这些信息都不重要，我们完全可以忽略它。

要判断火柴人是否在跳跃，我们可以检查对象变量 y 的值。如果值不是 0 就说明火柴人在跳跃。在这个例子中，如果 y 的值是 0，我们把 x 设置为 −2 来向左跑（❶ 处）或设置为 2 来向右跑（❷ 处）。我们使用 −2 和 2，是因为设置为 −1 或者 1 的话，火柴人在屏幕上移动得不够快。

当你把火柴人的动画做好后，可以尝试不同的值来看看效果。

15.3　让火柴人跳跃

jump 函数和 turn_left（turn_right）函数很像：

```
def turn_right(self, evt):
    if self.y == 0:
        self.x = 2

def jump(self, evt):
    if self.y == 0:
        self.y = -4
        self.jump_count = 0
```

这个函数有一个参数 evt（事件对象），我们可以忽略它，因为我们用不到事件中的任何信息。如果这个函数被调用，我们知道这一定是因为空格键被按下了。

因为我们只想在火柴人没有跳跃的时候才让他起跳，所以我们需要判断 y 是否等于 0。如果火柴人没有跳跃，我们把 y 设置为 −4（让他在屏幕上垂直向上），并且把 jump_count 设置为 0。我们会用 jump_count 来确保火柴人不会一直向上跳跃。相反，我们只让他跳跃一定的数量然后让他再落下来，就像重力在让他落下一样。我们会在下一章再加上这些代码。

15.4 我们都做了什么

让我们回顾一下到目前为止游戏中的类和函数的定义，以及它们在文件中出现的位置。

程序的顶部是 import 语句，后面跟着 Game 和 Coords 类。Game 类将被用来创建成一个游戏的主控对象，Coords 类的对象用来表示游戏中物体（如平台和火柴人）的位置：

```
from tkinter import *
import random
import time

class Game:
    --snip--
Class Coords:
    --snip--
```

接下来是 within 函数（它告诉我们一个精灵的位置是否"包含在"另一个精灵中）、父类 Sprite（它是游戏中所有精灵的父类）、PlatformSprite 类，还有 StickFigureSprite 类的开始部分。PlatformSprite 用来创建平台对象，火柴人会在上面跳跃，我们还会创建一个 StickFigureSprite 类的对象，它代表游戏中的主角：

```
def within_x(co1, co2):
    --snip--
def within_y(co1, co2):
    --snip--
def collided_left(co1, co2):
    --snip--
def collided_right(co1, co2):
    --snip--
def collided_top(co1, co2):
    --snip--
def collided_bottom(y, co1, co2):
    --snip--
class Sprite:
```

```
    --snip--
class PlatformSprite(Sprite):
    --snip--
class StickFigureSprite(Sprite):
    --snip--
```

最后，在程序的结尾，代码会创建出目前为止游戏中的所有对象：game 对象以及平台。在最后一行我们调用 mainloop 函数：

```
g = Game()
platform1 = PlatformSprite(g, PhotoImage(file='platform1.gif'),
                           0, 480, 100, 10)
...
g.sprites.append(platform1)
...
g.mainloop()
```

如果你的代码和我的不一样，或者你遇到了麻烦，你可以直接跳到第 16 章的结尾，那里有整个游戏的全部代码。

15.5 你学到了什么

在这一章中，我们开始写火柴人的类。与此同时，如果我们创建了这个类的对象，那么它除了载入做火柴人动画所需的图形以及设置几个留待后用的对象变量之外不会做任何其他的事情。这个类中包含了几个根据键盘事件来改变对象变量的值的函数（当玩家按下向左键、向右键或者空格键时）。

在下一章中，我们将完成这个游戏。我们会写出 StickFigureSprite 类的函数来显示火柴人并让其动起来，让他在屏幕上移动。我们还会加上火柴人需要到达的出口（那扇门）。

第 16 章

完成火柴人游戏

在前面 3 章里，我们一直在开发火柴人逃生的游戏。我们创建了图形，然后写出了背景图片、平台和火柴人的代码。在这一章里，我们会补上缺失的部分，让火柴人动起来，然后加上门。在本章的最后你可以看到游戏的完整代码。如果你在写某部分代码时搞不清楚或者有困惑，可以把你的代码和后面的代码比较一下，也许你就能找出是哪里不对了。

16.1　让火柴人动起来

到目前为止，我们已经创建了火柴人的基础部分，载入了将用到的图形，并把某些按键绑定到了函数。但如果你这时运行游戏的话，这些代码不会做任何有趣的事。

现在我们给第 15 章创建的 StickFigureSprite 类加上剩下的函数：animate、move 和 coords。animate 函数会画出不同的火柴人图形，move 会决定火柴人向哪里移动，coords 会返回火柴人现在的位置。（与平台精灵不同，因为火柴人会在屏幕上移动，所以我们需要重新计算他的位置。）

16.1.1　创建动画函数

首先，我们要加入 animate 函数，用它来判断移动方式并相应地改变图形。

1. 判断移动方式

我们不想在动画中太快地改变火柴人的图形，这样看上去会不真实。想象画在笔记本一角的翻页动画，如果翻得太快，也许就看不全动画的完整效果了。

animate 函数的前半段判断火柴人是在向左跑还是向右跑，然后用变量 last_time 来决定是否要改变当前的图形。这个变量将帮助我们控制动画的速度。把这个函数放在第 15 章中创建的 StickFigureSprite 类的 jump 函数的后面：

```
def animate(self):
    if self.x != 0 and self.y == 0:
        if time.time() - self.last_time > 0.1:
            self.last_time = time.time()
            self.current_image += self.current_image_add
            if self.current_image >= 2:
                self.current_image_add = -1
            if self.current_image <= 0:
                self.current_image_add = 1
```

在第一个 if 语句中，我们检查 x 是不是不等于 0，来判断火柴人是否在移动（可能向左也可能向右），然后我们检查 y 是否为 0，来判断火柴人是否在跳跃。如果 if 语句为真，我们就需要做火柴人的动画，否则他只是站在原地，就不必再做动画了。如果火柴人没有移动，我们就退出函数，忽略后面的代码。

接下来计算 animate 函数自上次调用以来的时间，可用当前时间 time.time() 减去变量 last_time 的值。这个计算用于判断是否要画出序列中的下一个图形，如果其结果大于十分之一秒（0.1），我们继续运行接下来的代码块。我们把变量 last_time 设置为当前时间，这等同于按下秒表重新计时，为下次图形的改变做准备。

接下来把对象变量 current_image_add 的值加到变量 current_image 上，后者保存着当前显示的图形的索引位置。还记得吗？我们在第 15 章中在火柴人的 __init__ 函数中创建了 current_image_add 变量，所以当 animate 函数第一次被调用时，这个变量的值已经被设置为 1 了。

判断这个 current_image 中的索引位置的值是否大于或等于 2，如果是，把 current_image_add 的值改为 -1。这个过程和最后两行代码的差不多，一旦到达 0，我们要再向上计数。

NOTE　如果你弄不明白如何缩进这段代码，这儿有个提示：在 if self.x 的前面有 8 个空格，在最后一行前面有 20 个空格。

为了帮你理解到目前为止函数都做了什么，想象一下在地板上有一排有颜色的积木。你把手指从一块积木移向另一块积木，你手指指向的每块积木都有一个数字（1、2、3、4 等），这就是 current_image 变量。你手指每次移动过的积木个数（每次指向一块积木）就是 current_image_add 中保存的值。当你的手指一直向上数积木时，你每次都加 1，当遇到最后一块并向回数时，你每次减 1（也就是加上 -1）。

我们给 animate 函数所加的代码就是做这样的事情，只不过不是针对有颜色的积木，而是针对火柴人在各方向上的图形列表。这个图形的索引位置可以是 0、1 和 2。在我们为火柴人做动画时，当我们到达了最后一个图形，我们就开始向下数。当我们到达了第一个图形，我们就开始再向上数。其结果是，我们创造出了一个跑动人物的效果的。

表 16-1 展示了我们在 animate 函数中如何用计算出的索引位置画出列表中的图形来移动的。

表 16-1　在动画中的图形位置

位置 0	位置 1	位置 2	位置 1	位置 0	位置 1
向上计数	向上计数	向上计数	向下计数	向下计数	向上计数

2. 改变图形

在animate函数的后半部分，我们用计算出的索引位置来改变当前显示的图形：

```
def animate(self):
...
    if self.x < 0:
        if self.y != 0:
            self.game.canvas.itemconfig(self.image,
                    image=self.images_left[2])
      ❶ else:
            self.game.canvas.itemconfig(self.image,
                    image=self.images_left[self.current_image])
    elif self.x > 0:
        if self.y != 0:
            self.game.canvas.itemconfig(self.image,
                    image=self.images_right[2])
        else:
            self.game.canvas.itemconfig(self.image,
                    image=self.images_right[self.current_image])
```

首先，如果 x 小于 0，火柴人向左移动，程序接着运行，判断 y 是否不等于 0（意味着火柴人在跳跃）。如果 y 不等于 0（火柴人在跳跃），我们用画布的 itemconfig 函数把显示的图形改成向左的图形列表中的最后一张（images_left[2]）。因为火柴人在跳跃，我们要用这张迈着大步的图形来让动画看上去更真实，如图 16-1 所示。

图 16-1　火柴人在跳跃

如果火柴人没有在跳跃（也就是说 y 等于 0），那么从 ❶ 处开始的 else 语句块用 itemconfig 把显示的图形换成 current_image 中保存的索引位置的图形。

在 elif 语句处，我们判断火柴人是否在向右跑（x 大于 0），然后程序接着运行。这段代码和前面的很像，也是判断火柴人是否在跳跃，如果是的话就画出正确的图形，否则就使用 images_right 列表。

16.1.2　得到火柴人的位置

因为我们需要判断火柴人在屏幕的什么位置（因为他在屏幕上移动），所以 coords 函数与其他的 Sprite 类的函数不同。我们要用画布的 coords 函数来判断火柴人在哪里，然后，用这些值来设置 coordinates 变量中 x1、y1 和 x2、y2 的值。我们在第 15 章的开头就创建了这个变量。下面是这段代码，可以把它加在

animate 函数的后面：

```
def coords(self):
    xy = self.game.canvas.coords(self.image)
    self.coordinates.x1 = xy[0]
    self.coordinates.y1 = xy[1]
    self.coordinates.x2 = xy[0] + 27
    self.coordinates.y2 = xy[1] + 30
    return self.coordinates
```

当我们在第 14 章创建了 Game 类时，其中的一个对象变量是 canvas。我们要用到这个 canvas 变量的 coords 函数，用法是 self.game.canvas.coords，参数是画布上画出的图形的 ID，它返回包含两个数字的列表来表示当前图形的 x 和 y 位置。在这个示例中，我们使用存储于变量 current_image 中的 ID，把返回的列表保存到变量 xy 中。然后我们使用两个值来设置火柴人的坐标。值 xy[0]（列表中第 1 个值）成为 x1 坐标，值 xy[1]（列表中第 2 个值）成为 y1 坐标。这就是火柴人左上角的位置。

我们创建的所有的火柴人图形都是 27 像素宽、30 像素高，我们可以得到 x2 和 y2 的值，只要分别加上值 xy[0] 的宽度和值 xy[1] 的高度就可以了（得到的是图形右下角的位置）。

因此，如果 self.game.canvas.coords(self.image) 返回的值是 [270, 350]，那么我们最终得到的值如下：

- self.coordinates.x1 是 270;
- self.coordinates.y1 是 350;
- self.coordinates.x2 是 297;
- self.coordinates.y2 是 380。

最后，在函数的最后一行，我们返回刚修改的对象变量 coordinates。

16.1.3　让火柴人移动

StickFigureSprite 类的最后一个函数是 move，它负责让我们游戏的主角在屏幕上移动，它也能告诉我们什么时候主角要跳起来。

1. 开始写 move 函数

下面是 move 函数的第一部分，它应该在 coords 的后面：

```
def move(self):
    self.animate()
    if self.y < 0:
        self.jump_count += 1
```

```
    if self.jump_count > 20:
        self.y = 4
if self.y > 0:
    self.jump_count -=1
```

在第1行（`self.animate()`）代码中，这个函数会调用我们之前创建的函数，它会在必要时改变目前显示的图形。然后我们判断 y 的值是否小于 0。如果是，我们就知道火柴人是在跳跃中，因为负值会让他在屏幕上向上移动。（记住，0 在画布的顶部，画布底部的像素位置为 500。）

接下来我们给 `jump_count` 加 1。我们希望火柴人能跳跃，但是不要永远漂浮在屏幕上方（毕竟他是在跳跃），所以我们使用变量来计算 move 函数已经执行的次数，如果达到 20 次，就要把 y 的值改成 4 来让火柴人再落下来。

然后，我们判断 y 的值是否大于 0（意味着主角在下落），如果是，我们把 `jump_count` 减 1，因为当我们向上数到 20 后，我们要再数回来。（一边把你的手慢慢抬起来一边数到 20，然后再把手放下来，同时从 20 向下数，你就会明白火柴人跳跃的计算是如何工作的了。）

在 move 函数接下来的几行代码中，我们调用 coords 函数，它告诉我们主角在屏幕的什么位置，我们把它保存到变量 co 中。然后我们创建变量 `left`、`right`、`top`、`bottom` 和 `falling`。在函数的后面会用到它们：

```
co = self.coords()
left = True
right = True
top = True
bottom = True
falling = True
```

请注意每个变量都被设置为布尔值 True。我们会用它们来表示主角是否撞到了屏幕上的东西或者是否在下落。

2. 火柴人是否撞到了画布的底部或顶部

move 函数的下一部分判断我们的主角是否撞到了画布的底部或顶部。下面是代码：

```
if self.y > 0 and co.y2 >= self.game.canvas_height:
    self.y = 0
```

```
    bottom = False
elif self.y < 0 and co.y1 <= 0:
    self.y = 0
    top = False
```

如果主角正在屏幕上下落，那么 y 将大于 0，因此我们需要确保他没有掉到画布的底部（否则他将从屏幕底部消失）。要做到这一点，在 ❶ 处我们判断他的 y2 位置（火柴人的底部）是否大于等于 game 对象的变量 canvas_height。如果是，我们就把 y 的值设置为 0 来让火柴人不要继续下落，然后把变量 bottom 设置为 False，也就是说后面的代码不再需要判断火柴人是否撞到了底部。

判断火柴人是否撞到了屏幕顶部的代码和判断他是否撞到底部的代码差不多。我们首先判断火柴人是否在跳跃（y 小于 0），然后我们判断他的 y1 位置是否小于或等于 0，如果是意味着它撞到了画布的顶部。如果两个条件都为真，我们就把 y 设置为 0，让他不要再移动。我们还会把 top 变量设置为 False，告诉后面的代码不用再判断火柴人是否撞到顶部了。

3. 火柴人是否撞到了画布的两侧

我们用和前面一模一样的方式来判断火柴人是否撞到了画布的左边或右边，代码如下：

```
if self.x > 0 and co.x2 >= self.game.canvas_width:
    self.x = 0
    right = False
elif self.x < 0 and co.x1 <= 0:
    self.x = 0
    left = False
```

基于我们已知如果 x 大于 0 的话火柴人是在向右跑这一事实。通过判断 x2 的位置（co.x2）是否大于或等于画布的宽度，也就是保存在 canvas_width 中的值，我们可以知道他是否撞到了右边界。如果两个条件都为真，我们设 x 等于 0（让火柴人停止跑动），并且把变量 right 或 left 设置为 False。

4. 与其他精灵相撞

当我们已经可以判断火柴人是否撞到边界后，我们还要知道他是否撞到了屏幕上的其他东西。我们用下面的代码来循环 game 对象中的精灵列表，看看火柴人是否撞到了它们：

```
for sprite in self.game.sprites:
    if sprite == self:
        continue
    sprite_co = sprite.coords()
    if top and self.y < 0 and collided_top(co, sprite_co):
```

```
    self.y = -self.y
    top = False
```

在 for 语句中，我们对精灵列表进行循环，依次把每个精灵赋值给变量 sprite。我们判断如果精灵等于 self（也就是说"如果这个精灵是我自己"），我们不用判断火柴人是否撞上，因为他当然只能和自己的位置相撞。如果 sprite 变量等于 self，我们用 continue 来跳到列表中的下一个 sprite 变量（continue 告诉程序忽略代码块中剩余的代码，继续下一次循环）。

接下来，我们用 coords 函数得到新精灵的坐标位置，并把它保存到变量 sprite_co 中。

最后的 if 语句做如下检查。

1. 火柴人没有撞到画布顶部（变量 top 仍为真）。
2. 火柴人正在跳跃（y 的值小于 0）。
3. 火柴人的顶部撞到列表中的精灵（用我们
   在第 14 章中写的 collided_top 函数）。

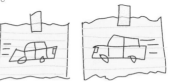

如果所有这些条件都为真，我们希望火柴人精
灵再次下落，所以我们反转了 y 的值（self.y 变成了 -self.y）。变量 top 被设置为 False，因为当火柴人撞到了顶部，我们就不用再继续检查冲突了。

5. 底部碰撞

接下来的部分判断火柴人的底部是否撞到了东西：

```
if bottom and self.y > 0 and collided_bottom(self.y,co, sprite_co):
    self.y = sprite_co.y1 - co.y2
    if self.y < 0:
        self.y = 0
    bottom = False
    top = False
```

开始有 3 个相似的判断：变量 bottom 的值是否已经设置，主角是否在下落（y 大于 0），主角的底部是否撞到了某精灵。如果所有 3 个判断都为真，我们用精灵的顶部 y 值（y1）减去火柴人底部的 y 值（y2）。这可能看上去很奇怪，让我们来看看为什么要这样做。

假设游戏的主角从一个平台上落下来。他在 mainloop 函数运行时每次向下移动 4 个像素，这时他的脚比另一个平台高 3 个像素。如果火柴人的底部（y2）的位置为 57，平台的顶部（y1）的位置在 60。在这个情况下，collided_bottom 函数会返回真，因为相应的代码会把火柴人的 y2 变量加上 y 的值（也就是 4），其结果为 61。

然而，我们不想让火柴人在即将碰到平台或者屏幕底部时马上停止下落，因为那看上去就像大步跳下去后停在了半空中，离地面还有一点点距离。说不定在其他游戏中也可行，不过在我们的游戏中看上去就有点不正常了。我们把主角的 y2 值（57）从平台的 y1 值（60）中减掉，我们得到了 3，就是火柴人正确地刚好落到平台上所需要下落的距离。

我们确保计算的结果不会是个负数（if self.y < 0:）。如果是的话，我们把 y 的值设为 0。（如果我们让这个值变成负的，火柴人就又飞起来了，在这个游戏里我们不希望发生这样的事情。）

最后，我们把 top 和 bottom 设置为 False，这样就不用再判断火柴人是否撞到了其他精灵的顶部或底部了。

我们还要再多做一个底部的判断，看看火柴人是否跑过了平台的边缘。下面是这段 if 语句的代码：

```
if bottom and falling and self.y == 0 \
        and co.y2 < self.game.canvas_height \
        and collided_bottom(1, co, sprite_co):
    falling = False
```

要把 falling 变量设置为 False，下面 5 个判断必须都为真。

1. 要判断 bottom 标志是否被设为 True。
2. 我们要判断火柴人是否应该下落（falling 标志设置为 True）。
3. 火柴人没有在下落（y 是 0）。
4. 精灵的底部没有撞到屏幕的底部（小于画布的高度）。
5. 火柴人已经撞到了平台的顶部（collided_bottom 返回 True）。

然后，我们把变量 falling 设置为 False，防止火柴人从屏幕上掉下来。

NOTE　只需引用变量，就可以在 if 语句中判断布尔变量的值是否为 True。例如，if bottom==True and falling==True 可以直接重写为 if bottom and falling（就像我们上面所做的那样）。

6. 检查左边和右边

我们已经检查了火柴人是否撞到了平台的顶部或底部。现在我们要检查他是否撞到了左边界或右边界：

```
if left and self.x < 0 and collided_left(co, sprite_co):
    self.x = 0
```

```
    left = False
if right and self.x > 0 and collided_right(co, sprite_co):
    self.x = 0
    right = False
```

首先，我们判断是否还需要查看左边的碰撞（left 仍设置为 True）以及火柴人是否在向左移动（x 小于 0）。我们还要用 collided_left 函数来判断火柴人是否与某精灵相撞。如果这三个条件都为真，我们把 x 设置为 0（让火柴人停下来），然后把 left 设置为 False，这样我们就不会再检查左侧的碰撞了。

右侧碰撞的代码也差不多，我们把 x 设置为 0，把 right 设置为 False，这样就不用再检查右侧的碰撞了。

现在，有了所有方向的检查之后，我们的 for 循环看上去是这样的：

```
for sprite in self.game.sprites:
    if sprite == self:
        continue
    sprite_co = sprite.coords()
    if top and self.y < 0 and collided_top(co, sprite_co):
        self.y = -self.y
        top = False
    if bottom and self.y > 0 and collided_bottom(self.y,
            co, sprite_co):
        self.y = sprite_co.y1 - co.y2
        if self.y < 0:
            self.y = 0
        bottom = False
        top = False
    if bottom and falling and self.y == 0 \
            and co.y2 < self.game.canvas_height \
            and collided_bottom(1, co, sprite_co):
        falling = False
    if left and self.x < 0 and collided_left(co, sprite_co):
        self.x = 0
        left = False
    if right and self.x > 0 and collided_right(co, sprite_co):
        self.x = 0
        right = False
```

我们只要再给 move 函数加上几行代码：

```
if falling and bottom and self.y == 0 \
        and co.y2 < self.game.canvas_height:
```

```
        self.y = 4
self.game.canvas.move(self.image, self.x, self.y)
```

我们判断变量 falling 和 bottom 是否都为 True。如果是的话，我们就已经对列表中所有的平台精灵循环过，它们在底部没有任何碰撞。

第 2 行最后的代码是判断主角的底部是否小于画布的高度，也就是是否在地面（画布的底部）以上。如果火柴人没有碰撞到任何东西，并且他在地面以上，那么他就是在半空中，那么他应该开始下落（换句话说，他从平台一端掉下去了）。为了让他从平台一端掉下去，我们把 y 设置为 4。

最后，通过在变量 x 和 y 中设置值，可以让图形在屏幕上移动。在我们循环所有的精灵以进行碰撞检测时，我们可以把两个变量都设置为 0，因为火柴人碰到了左下角。这样的话，即使调用画布上的 move 函数，它什么也不会做。

也有可能火柴人走过了平台的边缘。如果是这样的话，y 会被设置为 4，火柴人就会下落。

哇，这个函数真长！

16.2 测试我们的火柴人精灵

StickFigureSprite 类已经创建好了，在调用 mainloop 函数之前，让我们加上这两行代码来试试它吧。

```
sf = StickFigureSprite(g)
g.sprites.append(sf)
```

我们创建一个 StickFigureSprite 对象，把它赋值给变量 sf。和平台一样，我们把这个新变量加到 game 对象的精灵列表中。

现在运行程序。你会发现，火柴人可以跑动，从一个平台跳跃到另一个平台，还能掉下来！

16.3 退出！

现在游戏中唯一缺少的就是从游戏退出了。我们通过为门创建一个精灵，加上检测门的代码，并给程序加入一个门（door）的对象，来完成这个游戏。

16.3.1 创建 DoorSprite 类

我们需要再创建一个类：DoorSprite。下面是代码的开始部分：

```
class DoorSprite(Sprite):
    def __init__(self, game, photo_image, x, y, width, height):
        Sprite.__init__(self, game)
        self.photo_image = photo_image
        self.image = game.canvas.create_image(x, y,
                image=self.photo_image, anchor='nw')
        self.coordinates = Coords(x, y, x + (width / 2), y + height)
        self.endgame = True
```

DoorSprite 类的 __init__ 函数的参数为 self、一个 game 对象、一个 photo_image 对象、x 和 y 坐标，还有图形的宽度和高度。我们像在其他精灵类里一样调用 Sprite.__init__。

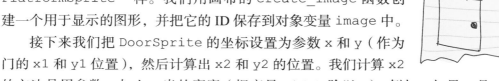

我们把参数 photo_image 保存在同名的对象变量中，就和 PlatformSprite 一样。我们用画布的 create_image 函数创建一个用于显示的图形，并把它的 ID 保存到对象变量 image 中。

接下来我们把 DoorSprite 的坐标设置为参数 x 和 y（作为门的 x1 和 y1 位置），然后计算出 x2 和 y2 的位置。我们计算 x2 的方法是用参数 x 加上一半的宽度（把变量 width 除以 2）。例如，如果 x 是 10（坐标的 x1 也是 10），宽度为 40，那么坐标的 x2 就是 30（10 加上 40 的一半）。

为什么要做这么奇怪的计算？因为，和火柴人碰到平台边缘时马上停下来不同，我们想让火柴人停在门前（而不是让火柴人停在门边！）。当你玩游戏并到达出口时就会看到效果了。

和 x1 位置不同，y1 位置的计算就简单多了。我们只要把变量 height 的值和参数 y 相加就可以了。

最后，我们把对象变量 endgame（游戏结束）设置为 True。也就是说，当火柴人到达门口时，游戏就结束了。

16.3.2　门的检测

现在我们要改动一下 StickFigureSprite 类中 move 函数的代码来判断火柴人是否与其他精灵的左侧或者右侧发生碰撞。下面是第一个改动：

```
if left and self.x < 0 and collided_left(co, sprite_co):
    self.x = 0
    left = False
    if sprite.endgame:
        self.game.running = False
```

我们判断火柴人撞到的精灵的 endgame 变量是否为真。如果是，我们把 running 变量设置为 False，这样的话所有的东西都停下来了，我们的游戏结束了。我们会给右侧碰撞检测的代码加上相同的两行：

```
if right and self.x > 0 and collided_right(co, sprite_co):
    self.x = 0
    right = False
    if sprite.endgame:
        self.game.running = False
```

16.3.3　加入门对象

我们对游戏代码的最后改动是加入一个门的对象。我们要把它加到主循环的前面。在创建火柴人对象之前，我们要创建一个 door 对象，然后把它加到精灵列表中。下面是代码：

```
g.sprites.append(platform7)
g.sprites.append(platform8)
g.sprites.append(platform9)
g.sprites.append(platform10)
door = DoorSprite(g, PhotoImage(file='door1.gif'), 45, 30, 40, 35)
g.sprites.append(door)
sf = StickFigureSprite(g)
g.sprites.append(sf)
g.mainloop()
```

我们创建了一个 door 对象，这用到了 game 对象 g，然后是 PhotoImage（我们在第 13 章中创建的图形）。我们把 x 和 y 参数设置为 45 和 30，把门放在靠近屏幕顶部的平台边上。然后把 width 和 height 设置为 40 和 35。我们把 door 对象加入精灵列表中，就和游戏中的其他精灵一样。

当火柴人来到门口时你就可以看到效果了。他将在门前停止跑动，而不是跑过去，如图 16-2 所示。

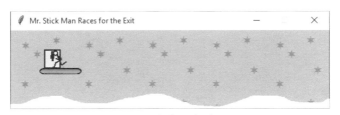

图 16-2　火柴人来到门口

16.4   最终的游戏

整个游戏的代码现在有 200 多行了。下面是游戏的完整代码。如果你运行游戏时遇到了麻烦，可以把你的每个函数（还有每个类）和下面的代码比较一下，看看是哪里错了。

```python
from tkinter import *
import random
import time

class Coords:
    def __init__(self, x1=0, y1=0, x2=0, y2=0):
        self.x1 = x1
        self.y1 = y1
        self.x2 = x2
        self.y2 = y2

def within_x(co1, co2):
    if (co1.x1 > co2.x1 and co1.x1 < co2.x2) \
            or (co1.x2 > co2.x1 and co1.x2 < co2.x2) \
            or (co2.x1 > co1.x1 and co2.x1 < co1.x2) \
            or (co2.x2 > co1.x1 and co2.x2 < co1.x2):
        return True
    else:
        return False

def within_y(co1, co2):
    if (co1.y1 > co2.y1 and co1.y1 < co2.y2) \
            or (co1.y2 > co2.y1 and co1.y2 < co2.y2) \
            or (co2.y1 > co1.y1 and co2.y1 < co1.y2) \
            or (co2.y2 > co1.y1 and co2.y2 < co1.y2):
        return True
    else:
        return False

def collided_left(co1, co2):
    if within_y(co1, co2):
        if co1.x1 >= co2.x1 and co1.x1 <= co2.x2:
            return True
    return False

def collided_right(co1, co2):
    if within_y(co1, co2):
        if co1.x2 >= co2.x1 and co1.x2 <= co2.x2:
            return True
```

```python
        return False

def collided_top(co1, co2):
    if within_x(co1, co2):
        if co1.y1 >= co2.y1 and co1.y1 <= co2.y2:
            return True
    return False

def collided_bottom(y, co1, co2):
    if within_x(co1, co2):
        y_calc = co1.y2 + y
        if y_calc >= co2.y1 and y_calc <= co2.y2:
            return True
    return False

class Sprite:
    def __init__(self, game):
        self.game = game
        self.endgame = False
        self.coordinates = None
    def move(self):
        pass
    def coords(self):
        return self.coordinates

class PlatformSprite(Sprite):
    def __init__(self, game, photo_image, x, y, width, height):
        Sprite.__init__(self, game)
        self.photo_image = photo_image
        self.image = game.canvas.create_image(x, y,
                image=self.photo_image, anchor='nw')
        self.coordinates = Coords(x, y, x + width, y + height)

class StickFigureSprite(Sprite):
    def __init__(self, game):
        Sprite.__init__(self, game)
        self.images_left = [
            PhotoImage(file='figure-L1.gif'),
            PhotoImage(file='figure-L2.gif'),
            PhotoImage(file='figure-L3.gif')
        ]
        self.images_right = [
            PhotoImage(file='figure-R1.gif'),
            PhotoImage(file='figure-R2.gif'),
            PhotoImage(file='figure-R3.gif')
        ]
```

```python
        self.image = game.canvas.create_image(200, 470,
                image=self.images_left[0], anchor='nw')
        self.x = -2
        self.y = 0
        self.current_image = 0
        self.current_image_add = 1
        self.jump_count = 0
        self.last_time = time.time()
        self.coordinates = Coords()
        game.canvas.bind_all('<KeyPress-Left>',self.turn_left)
        game.canvas.bind_all('<KeyPress-Right>',self.turn_right)
        game.canvas.bind_all('<space>', self.jump)

    def turn_left(self, evt):
        if self.y == 0:
            self.x = -2

    def turn_right(self, evt):
        if self.y == 0:
            self.x = 2

    def jump(self, evt):
        if self.y == 0:
            self.y = -4
            self.jump_count = 0

    def animate(self):
        if self.x != 0 and self.y == 0:
            if time.time() -self.last_time > 0.1:
                self.last_time = time.time()
                self.current_image += self.current_image_add
                if self.current_image >= 2:
                    self.current_image_add = -1
                if self.current_image <= 0:
                    self.current_image_add = 1
        if self.x < 0:
            if self.y != 0:
                self.game.canvas.itemconfig(self.image,
                        image=self.images_left[2])
            else:
                self.game.canvas.itemconfig(self.image,
                        image=self.images_left[self.current_image])
        elif self.x > 0:
            if self.y != 0:
                self.game.canvas.itemconfig(self.image,
                        image=self.images_right[2])
```

```
        else:
            self.game.canvas.itemconfig(self.image,
                    image=self.images_right[self.current_image])

def coords(self):
    xy = self.game.canvas.coords(self.image)
    self.coordinates.x1 = xy[0]
    self.coordinates.y1 = xy[1]
    self.coordinates.x2 = xy[0] + 27
    self.coordinates.y2 = xy[1] + 30
    return self.coordinates

def move(self):
    self.animate()
    if self.y < 0:
        self.jump_count += 1
        if self.jump_count > 20:
            self.y = 4
    if self.y > 0:
        self.jump_count - =1
    co = self.coords()
    left = True
    right = True
    top = True
    bottom = True
    falling = True
    if self.y > 0 and co.y2 >= self.game.canvas_height:
        self.y = 0
        bottom = False
    elif self.y < 0 and co.y1 <= 0:
        self.y = 0
        top = False
    if self.x > 0 and co.x2 >= self.game.canvas_width:
        self.x = 0
        right = False
    elif self.x < 0 and co.x1 <= 0:
        self.x = 0
        left = False

    for sprite in self.game.sprites:
        if sprite == self:
            continue
        sprite_co = sprite.coords()
        if top and self.y < 0 and collided_top(co, sprite_co):
            self.y = -self.y
            top = False
```

```
                if bottom and self.y > 0 and collided_bottom(self.y,
                        co, sprite_co):
                    self.y = sprite_co.y1 - co.y2
                    if self.y < 0:
                        self.y = 0
                    bottom = False
                    top = False
                if bottom and falling and self.y == 0 \
                        and co.y2 < self.game.canvas_height \
                        and collided_bottom(1, co, sprite_co):
                    falling = False
                if left and self.x < 0 and collided_left(co, sprite_co):
                    self.x = 0
                    left = False
                    if sprite.endgame:
                        self.game.running = False
                if right and self.x > 0 and collided_right(co, sprite_co):
                    self.x = 0
                    right = False
                    if sprite.endgame:
                        self.game.running = False

        if falling and bottom and self.y == 0 \
                and co.y2 < self.game.canvas_height:
            self.y = 4
        self.game.canvas.move(self.image, self.x, self.y)


class DoorSprite(Sprite):
    def __init__(self, game, photo_image, x, y, width, height):
        Sprite.__init__(self, game)
        self.photo_image = photo_image
        self.image = game.canvas.create_image(x, y,
                image=self.photo_image, anchor='nw')
        self.coordinates = Coords(x, y, x + (width / 2), y + height)
        self.endgame = True


class Game:
    def __init__(self):
        self.tk = Tk()
        self.tk.title('Mr. Stick Man Races for the Exit')
        self.tk.resizable(0, 0)
        self.tk.wm_attributes('-topmost',1)
        self.canvas = Canvas(self.tk, width=500, height=500,
                            highlightthickness=0)
        self.canvas.pack()
        self.tk.update()
```

```
        self.canvas_height = self.canvas.winfo_height()
        self.canvas_width = self.canvas.winfo_width()
        self.bg = PhotoImage(file='background.gif')
        w = self.bg.width()
        h = self.bg.height()
        for x in range(0, 5):
            for y in range(0, 5):
                self.canvas.create_image(x * w, y * h,
                        image=self.bg, anchor='nw')
        self.sprites = []
        self.running = True

    def mainloop(self):
        while True:
            if self.running == True:
                for sprite in self.sprites:
                    sprite.move()
            self.tk.update_idletasks()
            self.tk.update()
            time.sleep(0.01)

g = Game()
platform1 = PlatformSprite(g, PhotoImage(file='platform1.gif'),
                            0, 480, 100, 10)
platform2 = PlatformSprite(g, PhotoImage(file='platform1.gif'),
                            150, 440, 100, 10)
platform3 = PlatformSprite(g, PhotoImage(file='platform1.gif'),
                            300, 400, 100, 10)
platform4 = PlatformSprite(g, PhotoImage(file='platform1.gif'),
                            300, 160, 100, 10)
platform5 = PlatformSprite(g, PhotoImage(file='platform2.gif'),
                            175, 350, 66, 10)
platform6 = PlatformSprite(g, PhotoImage(file='platform2.gif'),
                            50, 300, 66, 10)
platform7 = PlatformSprite(g, PhotoImage(file='platform2.gif'),
                            170, 120, 66, 10)
platform8 = PlatformSprite(g, PhotoImage(file='platform2.gif'),
                            45, 60, 66, 10)
platform9 = PlatformSprite(g, PhotoImage(file='platform3.gif'),
                            170, 250, 32, 10)
platform10 = PlatformSprite(g, PhotoImage(file='platform3.gif'),
                            230, 200, 32, 10)
g.sprites.append(platform1)
g.sprites.append(platform2)
g.sprites.append(platform3)
g.sprites.append(platform4)
```

```
g.sprites.append(platform5)
g.sprites.append(platform6)
g.sprites.append(platform7)
g.sprites.append(platform8)
g.sprites.append(platform9)
g.sprites.append(platform10)
door = DoorSprite(g, PhotoImage(file='door1.gif'), 45, 30, 40, 35)
g.sprites.append(door)
sf = StickFigureSprite(g)
g.sprites.append(sf)
g.mainloop()
```

16.5 你学到了什么

在这一章中，我们完成了火柴人逃生的游戏。我们把火柴人制作成了动画，写了函数来让他在屏幕上跑来跑去并将其做成动画（在图形间切换看上去就像在跑动）。我们使用了基本的冲突检测，来判断他是否撞到了画布的左边或者右边，是否撞到了其他精灵，如平台或者门。我们还加入碰撞代码，来判断他是否撞到了屏幕的顶部或底部，还有确保当他跑过平台的边缘时他会掉下来。我们还添加代码来判断火柴人是否到达了门口，这样的话游戏就结束了。

16.6 编程小测验

我们的游戏还有很多地方可以改进。现在它还很简单。我们可以加些代码来让它看上去更专业，并且玩起来更有趣。试着加入下面的功能。

#1："你赢了！"

就像我们在第 12 章的弹球游戏中加的"游戏结束"一样，当火柴人到达门口时加入文字"你赢了！"。这样玩家就知道他已经赢了。

#2：给门做动画

在第 13 章中，我们给门做了两个图形：一个开着的门和一个关着的门。当火柴人到达门口时，门的图形应该换成开着的那张，火柴人应该消失，然后门的图形应该换成关上的那张。这看上去就像是火柴人已经出去了，并在离开前又关上了门。

你可以通过修改 DoorSprite 类和 StickFigureSprite 类来实现这个功能。

#3: 移动的平台

尝试加入一个新的类 MovingPlatformSprite。这种平台可以来回移动，让火柴人更难到达顶部的门口。你可以选择一些平台来移动，而让一些平台保持静止，这取决于你想让游戏变得有多难。

#4: 让灯作为精灵

和我们在第 14 章的第 3 个小测验中添加书架和灯作为背景图像不同，尝试添加一盏台灯，让火柴人必须跳过它，如图 16-3 所示。它不是游戏背景的一部分，而是一个类似于平台或门的精灵。

图 16-3　添加台灯

结束语
接下来学什么

在你的 Python 之旅中，你已经学到了基本的编程概念，但是无论使用 Python 还是其他编程语言，都还有很多知识有待探索。虽然 Python 相当有用，但一种语言总不能适合所有的任务，所以不要惧怕在你的电脑上用不同的语言编程。

如果你想继续使用 Python，并且想要找一些进阶的书籍来阅读，那么 Python 官网给出了一些很好的建议。

如果你只是想了解更多和 Python 相关的功能，那么可以参考 Python 的多个内置模块。（这就是 Python 的"内置电池（标准库）"的理念。）此外，还有来自世界各地的程序员提供的大量可免费使用的模块。例如，你可以尝试用 Pygame 开发游戏，或者用基于 Web 环境的 Jupyter Notebook 在浏览器中编辑和运行 Python 代码。这些模块和其他模块都可以在 PyPI 官网上查看到。要安装这些模块，你需要使用一个名为 pip 的工具，接下来我们将简要介绍该工具。

1. 在 Windows 上安装 Python pip

只要安装了 Python 3.10 及更新的版本，都会默认安装 pip。如果你使用的是更早版本的 Python，要在 Windows 系统上安装 pip，可以下载 getpip.py 脚本文件。

把这个文件保存到 home 文件夹，然后打开命令窗口（单击开始菜单，然后在搜索框输入 cmd）。输入 `python get-pip.py` 命令来安装，如图 1 所示。

图 1 安装 Python pip

2. 在 Ubuntu 上安装 Python pip

要在 Ubuntu 上安装 pip，需要系统管理员密码。打开一个终端，输入如下的命令（命令中的版本号请改为实际的版本号）：

```
sudo apt install python3.10-distutils
sudo apt install curl
curl *****://bootstrap.pypa.io/get-pip.py -o get-pip.py
python3.10 get-pip.py
```

对于前两个命令，可能你会得到一个错误，说已经安装了这两个，你可以忽略它，如图 2 所示。

图 2 产生错误

3. 在树莓派上安装 Python pip

要在树莓派上安装 pip，请打开一个终端，输入如下的命令：

```
curl https://bootstrap.pypa.io/get-pip.py -o get-pip.py
python3.10 get-pip.py
```

可以忽略所显示的任何警告信息，如图 3 所示。

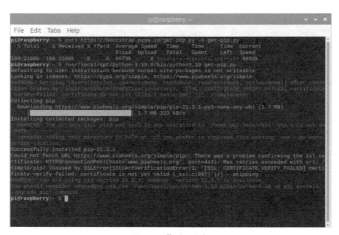

图 3 警告信息

4. 在 macOS 上安装 Python pip

只要安装了 Python 3.10 及更新的版本，都会默认安装 pip。如果你使用的是更早版本的 Python，可能需要打开一个终端并且运行如下命令来安装 pip：

```
easy_install-3.9 pip
```

根据你安装的 Python 版本，你需要在 `easy_install` 后面输入不同的版本号（例如 `easy_install-3.7`），如图 4 所示。

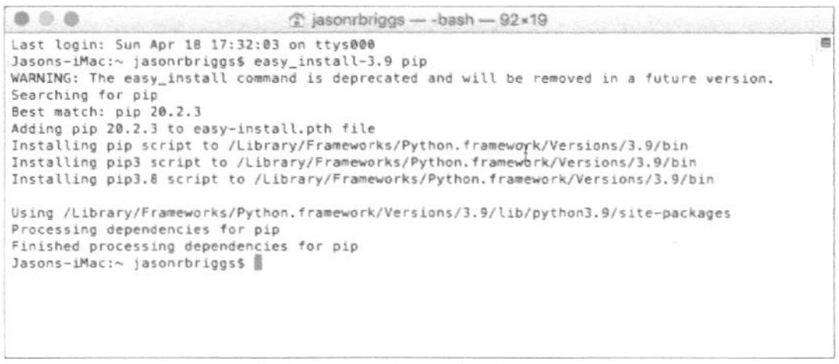

图 4　在 macOS 上安装 Python pip

5. 尝试使用 Pygame

要想知道 Pygame 是怎么工作的，首先要用 pip 安装这个模块。打开一个命令提示框（在 Windows 系统的搜索框输入 cmd，在 Ubuntu、树莓派或者 macOS 的搜索框中输入 Terminal），然后输入如下命令（版本号根据实际情况修改）：

```
pip3.10 install pygame
```

NOTE　取决于你所使用的 Windows 和 Python 的版本，上述命令可能不工作。如果你看到如下错误：

```
'pip' is not recognized as an internal or external command, operable program or batch file.
```

那么可以尝试输入如下命令：

```
cd %HOMEPATH%
AppData\Local\Programs\Python\Python310\python -m pip install pygame
```

使用 Pygame 要比使用 tkinter 编程更复杂一些。例如，在第 10 章中，我们使用 tkinter 模块显示一张图片的代码如下：

```
from tkinter import *
tk = Tk()
canvas = Canvas(tk, width=400, height=400)
canvas.pack()
myimage = PhotoImage(file='c:\\Users\\jason\\test.gif')
canvas.create_image(0, 0, anchor=NW, image=myimage)
```

要用 Pygame 模块显示一张图片，可以使用如下的代码：

```
import pygame
pygame.init()
display = pygame.display.set_mode((500, 500))
img = pygame.image.load('c:\\Users\\jason\\test.gif')
```

```
display.blit(img, (0, 0))
pygame.display.flip()
```

导入 Pygame 模块之后，我们可以调用 init 函数，它会初始化这个模块让其可用。我们然后创建显示界面（display），传递包含宽和高（500 像素宽和 500 像素高）的一个元组作为参数。请注意，这里的括号很重要：外边的括号是函数本身的一部分（set_mode(...)），里边的括号是一个元组（500, 500）。

然后，我们加载一张图片，其引用（或标签）是变量 img（记住，根据使用的操作系统，你可能需要修改图片的路径）。接下来，我们使用 blit 函数，将图片绘制到显示界面（display），将 img 变量和包含图片左上角位置的元组 (0, 0) 作为参数传递给这个函数。这个图片还不会在窗口显示，最后一行代码是 flip 函数，这里会让显示界面反转，真正地让图片显示出来。这一行实际上是告诉 Pygame 重新绘制显示窗口。

NOTE　　　如果在 IDLE 之外运行它，你需要在末尾加上几行代码：

```
while True:
    for event in pygame.event.get():
        if event.type == pygame.QUIT:
            raise SystemExit
```

这个代码是为了避免图片显示之后窗口立即关闭。

6. 其他游戏和图形的编程

如果你想要进行更多和游戏或图像相关的编程，除了 Python 以外，还有很多其他选择。

下面只列出了一部分。

• Scratch，开发游戏和动画的一个工具。（它是积木类型的可视化编程语言，与 Python 编程有很大区别。）

• Construct3，在浏览器中创建游戏的一个商业化工具。

• GameMaker Studio，创建游戏的另一个商业化工具。

• Godot，创建 2D 或者 3D 图形的一个免费游戏引擎。

• Unity，创建游戏的另一个商业化工具。

• Unreal Engine，创建游戏的另一个商业化工具。

在线搜索可以找到丰富的资源，能够帮助你开始使用任意工具，或者至少向你展示如果未来你继续编程的话可能会发生什么。

7. 其他编程语言

如果你对其他编程语言有兴趣，目前流行的一些语言还有 JavaScript、Java、C#、C、C++、Ruby、Go、Rust，还有 Swift（还有更多编程语言），我们将简要地介绍这些语言，并看看用这些语言所写的 "Hello World" 程序是什么样子的（就像在第 1 章中我们用 Python 写的那样）。注意：这里提到的语言都不是特别为编程初学者而准备的，并且大多数语言都与 Python 有相当大的区别。

（1）JavaScript

JavaScript 是一种常用于网页、游戏编程和其他活动的编程语言。你可以很容易地创建包含 JavaScript 程序的一个简单的 HTML 页面（用来创建网页的语言），并在浏览器中运行 JavaScript 程序，而不需要任何 Shell 程序、命令行或者其他东西。

运行在浏览器上和运行在 Shell 程序中的用 JavaScript 写的 "Hello World" 是不一样的。在 Shell 中，可以这样输入：

```
print('Hello World');
```

在浏览器中，可能是像下面这样：

```
<html>
    <body>
        <script type="text/javascript">
            alert("Hello World");
        </script>
    </body>
</html>
```

（2）Java

Java 是一种略为复杂的编程语言，它有庞大的内建库（叫作 "包"）。Java 是在安卓移动设备上使用的语言，你可以在绝大多数操作系统上使用 Java。

下面是用 Java 写的 "Hello World" 的例子：

```
public class HelloWorld {
    public static final void main(String[] args) {
        System.out.println("Hello World");
    }
}
```

（3）C#

C#，读音为 "C sharp"，是一种用于 Windows 系统的略为复杂的编程语言，它同 Java 和 JavaScript 的语法很相像。C# 是微软 .NET 平台的一部分。

下面是用 C# 写的 "Hello World" 的例子：

```
public class Hello
{
   public static void Main()
   {
      System.Console.WriteLine("Hello World");
   }
}
```

（4）C/C++

C 和 C++ 是很复杂的编程语言，所有的操作系统都用到了它们。它们既有免费版本，也有商业版本。两种语言（尤其是 C++）都很难学（换句话讲，对于初学者它们不一定很合适）。例如，你会发现你需要自己手动写出很多 Python 语言本来就提供的功能（比方说告诉计算机你需要一段内存来保存一个对象）。很多商业游戏和游戏控制台是用 C 或者 C++ 写的。

下面是用 C 写的"Hello World"的例子：

```
#include <stdio.h>
int main ()
{
  printf ("Hello World\n");
}
```

C++ 的版本是这样的：

```
#include <iostream>
int main()
{
  std::cout << "Hello World\n";
  return 0;
}
```

（5）Ruby

Ruby 是一种免费的编程语言，在所有主流操作系统上都能使用。它主要用于开发网站，尤其是用它的 Ruby on Rails 框架（框架是一个用于支持某种类型应用开发的库的集合）。

下面是用 Ruby 写的"Hello World"的例子：

```
puts "Hello World"
```

（6）Go

Go 是一种类似于 C 的编程语言，但是更简单。

下面是用 Go 写的"Hello World"的例子：

```
package main
import "fmt"
func main() {
    fmt.Println("Hello World")
}
```

（7）Rust

Rust 语言最初是由 Mozilla Research（也开发了火狐浏览器）开发的。

用 Rust 编写的显示"Hello World"的简单程序如下所示：

```
fn main() {
    println!("Hello World")
}
```

（8）Swift

Swift 是苹果公司为它的设备（iOS、macOS 等）开发的语言，所以它最适应于苹果的产品。

下面是用 Swift 写的"Hello World"的例子：

```
import Swift
print("Hello World")
```

8. 最后的话

不论你是继续使用 Python 还是决定尝试另一种编程语言，你都会发现本书所讲的概念仍然有用。就算你不再写计算机程序，理解了这些基本概念仍会对你的学习还有以后的工作有帮助。

祝你好运，并且从编程中找到乐趣！

附录 A
Python 的关键字

Python（以及大多数编程语言）中的关键字是指有特殊意义的词。它们被当作编程语言自身的一部分，所以不能用作其他用途。例如，如果你想把关键字当成变量，或者以错误的方式使用它们，你会从 Python 控制台得到错误信息。我们在附录 A 中描述 Python 的每个关键字。在你继续编程时你会发现这是很好的参考资料。

A.1 and

关键字 and，用于在一个语句中（例如 if 语句）把两个表达式连接起来，意为两个表达式必须都为真。下面是个例子：

```
if age > 12 and age < 20:
    print('Beware the teenager!!!!')
```

这段代码的意思是变量 age 的值必须大于 12 并且小于 20，那条消息才会被打印出来。

A.2 as

关键字 as 用来给引入的模块另起一个名字。例如，假设你有一个名字很长的模块：

```
i_am_a_python_module_that_is_not_very_useful.
```

如果每次用到这个模块时你都要输入它的名字，这样会很麻烦：

```
>>> import i_am_a_python_module_that_is_not_very_useful
>>> i_am_a_python_module_that_is_not_very_useful.do_something()

I have done something that is not useful.
>>> i_am_a_python_module_that_is_not_very_useful.do_something_else()

I have done something else that is not useful!!
```

然而当你使用 as 时，你可以给这个模块一个新的、短一些的名字，然后就可以直接使用这个新名字（就像昵称一样）了，像这样：

```
>>> import i_am_a_python_module_that_is_not_very_useful as notuseful
>>> notuseful.do_something()

I have done something that is not useful.
>>> notuseful.do_something_else()

I have done something else that is not useful!!
```

A.3 assert

关键字 assert（断言）用于声明一段代码必须为真。它是一种可捕获代码中出现的错误和问题的方式，一般用于更高级的编程中（这也是为什么在本书中我们没用到 assert）。下面是一个简单的 assert 语句：

```
>>> mynumber = 10
>>> assert mynumber < 5
Traceback (most recent call last):
  File "<pyshell#1>", line 1, in <module>
    assert mynumber < 5
AssertionError
```

在这个例子中，我们断言变量 mynumber 的值一定小于 5，其实它不是，所以 Python 显示一条错误信息（称为断言错误）。

A.4　async

关键字 async（异步）用于定义原生协程（native coroutine）。这是在异步编程（即并行做多件事，或者在一段时间后做事情）中使用的高级概念。

A.5　await

关键字 await 也用于异步编程（类似于 async）。

A.6　break

关键字 break 用于让某段代码的运行停止。你可以在一个 for 循环中使用 break，像这样：

```
age = 10
for x in range(1, 100):
    print(f'counting {x}')
    if x == age:
        print('end counting')
        break
```

因为变量 age 被设为 10，这段代码会打印出如下信息：

```
counting 1
counting 2
counting 3
counting 4
counting 5
```

```
counting 6
counting 7
counting 8
counting 9
counting 10
end counting
```

当变量 x 的值达到 10 的时候，代码会打印出 end counting，然后从循环中
退出。

A.7 class

关键字 class 用于定义一种类型的对象，如车、动物或者人。类可以有一个
__init__ 函数，该函数用于执行这个类的对象被创建时所需要执行的所有任务。
例如，Car 类的对象在创建时可能需要一个 color 变量：

```
>>> class Car:
        def __init__(self, color):
            self.color = color

>>> car1 = Car('red')
>>> car2 = Car('blue')
>>> print(car1.color)
red
>>> print(car2.color)
blue
```

A.8 continue

关键字 continue 是一种在循环中直接"跳"到下一次的方法，这样的话循
环体中余下的代码将不被执行。和 break 不同的是它不会跳出循环，它只是从下
一个元素继续执行。例如，如果我们有一系列元素，并且希望跳过以 b 开头的元
素，我们可以这样写代码：

```
>>> my_items = ['apple', 'aardvark', 'banana', 'badger',
        'clementine', 'camel']
>>> for item in my_items:
        if item.startswith('b'):
            continue
        print(item)
```

这段代码会打印出以下信息：

```
apple
aardvark
clementine
camel
```

我们首先创建元素的列表，然后用 for 循环来循环这些元素，并运行后面的代码块。如果发现这个元素以字母 b 开头，我们就继续循环下一个元素，否则打印出这个元素。

A.9　def

关键字 def 用于定义函数。例如，要写一个把年数转换成相等的分钟的函数如下：

```
>>> def minutes(years):
        return years * 365 * 24 * 60
>>> minutes(10)
5256000
```

A.10　del

关键字 del 用于删除。例如，如果你的日记中有一个你想要的生日礼物的列表，但对于其中的一个礼物你改变了主意，那么你可能会把它从列表中划掉，然后加上新的东西：

remote controlled car

new bike

~~computer game~~

在 Python 中，原来的列表可能是这样的：

```
what_i_want = ['remote controlled car', 'new bike', 'computer game']
```

你可以用 del 和这个元素的索引来把 computer　game 删除。然后你可以用 append 函数加上新的元素：

```
del what_i_want[2]
what_i_want.append('roboreptile')
```

然后打印出新的列表：

```
print(what_i_want)
['remote controlled car', 'new bike', 'roboreptile']
```

A.11 elif

关键字 elif 是 if 语句的一部分。例子请参见 if 关键字。

A.12 else

关键字 else 是 if 语句的一部分。例子请参见 if 关键字。

A.13 except

关键字 except 用于捕获代码中的问题。它主要用于相当复杂的程序。

A.14 finally

关键字 finally 用于确保如果有错误出现时，某段代码一定执行（通常是清理工作）。这个关键字用于更高级的编程。

A.15 for

关键字 for 用于创建一个运行特定次数的循环代码。示例如下：

```
for x in range(0, 5):
    print(f'x is {x}')
```

这个 for 循环把代码块（print 语句）执行 5 次，输出的结果如下：

```
x is 0
x is 1
x is 2
x is 3
x is 4
```

A.16 from

当引入一个模块时，你可以用 from 关键字只引入你需要的那部分。例如，在

第 4 章介绍的 turtle 模块有一个叫 Turtle 的类，我们用它来创建 Turtle 对象（画布，海龟在上面移动）。下面是先引入整个 turtle 模块，然后使用 Turtle 类：

```
import turtle
t = turtle.Turtle()
```

你还可以只引入 Turtle 类，然后直接使用它（不用再使用 turtle 模块）：

```
from turtle import Turtle
t = Turtle()
```

这么做可能是为了当你查看程序开头时，你可以看到所有用到的函数和类（这对于引入很多模块的大型程序来讲尤其有用）。然而，如果你选择这样做，你就不能使用模块中没有引入的那部分了。例如，time 模块有一个函数 localtime 和 gmtime，如果你只引入了 localtime 但想用 gmtime 时，你将会得到一条错误信息：

```
>>> from time import localtime
>>> print(localtime())
(2019, 1, 30, 20, 53, 42, 1, 30, 0)
>>> print(gmtime())
Traceback (most recent call last):
  File "<stdin>", line 1, in <module>
NameError: name 'gmtime' is not defined
```

错误信息 name'gmtime'is not defined 意为 Python 不知道函数 gmtime，这是因为你还没有引入它。

如果某个模块中的很多函数你都想用，又不想在使用它们时使用模块的名字（如 time.localtime 或 time.gmtime），你可以用星号（*）引入模块中的所有东西：

```
>>> from time import *
>>> print(localtime())
(2021, 1, 30, 20, 57, 7, 1, 30, 0)
>>> print(gmtime())
(2021, 1, 30, 13, 57, 9, 1, 30, 0)
```

这样你就引入了 time 模块中的所有东西，现在就可以直接用函数的名字来使用它们了。

A.17　global

我们在第 7 章介绍了程序的作用域。作用域是指一个变量的可见范围。如果变量在函数之外定义，通常它在函数中也是可见的。另一方面，如果变量在函数内定义，通常它在函数之外不可见。关键字 global 是这个规则的一个例外。一个定义为 global 的变量在任何地方都是可见的。下面是个例子：

```
>>> def test():
        global a
        a = 1
        b = 2
```

猜猜看，在运行函数 test 之后调用 print(a) 和 print(b) 会发生什么？前者可以工作，后者会显示一条错误信息：

```
>>> test()
>>> print(a)
1
>>> print(b)
Traceback (most recent call last):
  File "<stdin>", line 1, in <module>
NameError: name 'b' is not defined
```

变量 a 在函数中被修改为全局变量，所以即使函数已经执行结束，它仍然可见。但是变量 b 还是只在函数内可见。（你必须在给变量赋值以前使用 global 关键字。）

A.18 if

关键字 if 用来做判断。它也可以和关键字 else 和 elif(else if)一起用。if 语句的意思是 "如果条件为真，那么执行这些动作"。下面是一个例子：

```
if toy_price > 1000:
    print('That toy is overpriced')
elif toy_price > 100:
    print('That toy is expensive')
else:
    print('I can afford that toy')
```

这个 if 语句是说如果玩具的价格（ toy price ）大于 1000 元，就显示一条信息：That toy is overpriced。否则，如果玩具的价格大于 100 块，就显示一条信息：That toy is expensive。如果两个条件都不为真，就应该显示：I can afford that toy。

A.19 import

关键字 import 用来让 Python 载入一个模块以供使用。例如，下面的代码告诉 Python 使用 sys 模块：

```
import sys
```

A.20 in

关键字 in 用于判断某元素是否在一个元素集的表达式中。例如，在这个数字列表中能找到 1 吗？

```
>>> if 1 in [1,2,3,4]:
        print('number is in the list')
number is in the list
```

下面的例子展示了如何判断字符串 pants（裤子）是否在衣服的列表中：

```
>>> clothing_list = ['shorts', 'undies', 'boxers', 'long johns',
                     'knickers']
>>> if 'pants' in clothing_list:
        print('pants is in the list')
    else:
        print('where are my pants?')
where are my pants?
```

A.21 is

关键字 is 有点像等于运算符（==），用来判断两个东西是否相等（例如 10 == 10 是真，10 == 11 是假）。然而，is 和 == 有本质的不同。如果你比较两样东西，== 可能会返回真，is 却不一定（即使你认为这两个东西是一样的）。这是一个高级的编程概念。

A.22 lambda

关键字 lambda 用来创建匿名的或内嵌的函数。这个关键字用于更高级的编程。

A.23 nonlocal

当变量在函数外部声明时，关键字 nonlocal 用于将变量包含在函数的作用域中。这个关键字用于更高级的编程。

A.24   not

如果某事为真，not 关键字会把结果变为假。例如，如果我们创建变量 a 并把它设置为 True，然后打印出这个变量加上 not 后的结果，得到的结果如下：

```
>>> a = True
>>> print(not a)
False
```

类似地，使用一个 False 值，我们得到 True：

```
>>> b = False
>>> print(not b)
True
```

这个看上去好像没什么用处，但把它放在 if 语句中就有用了。例如，要找出一个元素是否在列表中，我们可以这样写：

```
>>> clothing_list = ['shorts', 'undies', 'boxers', 'long johns',
                     'knickers']
>>> if 'pants' not in clothing_list:
        print('You really need to buy some pants')
You really need to buy some pants
```

A.25   or

关键字 or 用来把两个条件连接起来，在语句中（如 if 语句中）表示这两个条件中至少要有一个为真。下面是一个例子：

```
if dino == 'Tyrannosaurus' or dino == 'Allosaurus':
    print('Carnivores')
elif dino == 'Ankylosaurus' or dino == 'Apatosaurus':
    print('Herbivores')
```

在这个例子中，如果变量 dino 中包含 Tyrannosaurus 或 Allosaurus，程序就会打印 Carnivores。如果它包含 Ankylosaurus 或 Apatosaurus，程序就会打印 Herbivores。

A.26 pass

有时当你在开发程序时，你只想先写一点试一试。可问题是你不能写没有代码块的 if 语句，当 if 的条件为真时要执行那个代码块。你也不能写没有循环体代码块的 for 循环。例如，下面的代码是没有问题的：

```
>>> age = 15
>>> if age > 10:
        print('older than 10')
older than 10
```

但是如果你不写 if 语句后面的代码块，你会得到一条错误信息：

```
>>> age = 15
>>> if age > 10:
File "<stdin>", line 2

     ^
IndentationError: expected an indented block after 'if' statement on line 1
```

当你在一个语句后面没有写应该写的代码块时就会得到这样的错误信息（在 IDLE 甚至不允许出现这样的代码）。在这种情况下，你可以用 pass 关键字来写一个语句，此时就不用写代码块了。

例如，如果你想写一个 for 循环，其中有一个 if 语句。可能你还没想好在 if 语句中写什么，可能你会用 print 函数，也可能写一个 break，或者做其他什么事情。此时你可以使用 pass，这样代码仍能工作（尽管其实它什么也没做）。

下面还是我们的 if 语句，这次用了 pass 关键字：

```
>>> age = 15
>>> if age > 10:
        pass
```

下面的代码是 pass 关键字的另一个例子：

```
>>> for x in range(0, 7):
>>>     print(f'x is {x}')
>>>     if x == 4:
            pass

x is 0
x is 1
x is 2
x is 3
x is 4
```

```
x is 5
x is 6
```

Python 在每次执行循环中的语句块时仍然检查变量 x 是否包含 4，但是它没有任何作用，所以它只是打印出 0 到 7 的每个数字。

以后，你可以加上 if 语句所需的代码块，把 pass 关键字换成别的东西，比方说 break：

```
>>> for x in range(0, 7):
        print(f'x is {x}')
        if x == 4:
            break

x is 1
x is 2
x is 3
x is 4
```

关键字 pass 常用于创建一个函数却暂时不想写函数中的代码的情况。

A.27 raise

关键字 raise 可以用来生成一个错误。这听起来可能有点奇怪，但是在高级编程中它非常有用。

A.28 return

关键字 return 用于在函数中返回一个值。例如，你可以创建一个函数来计算自从你上一次生日以来过了多少秒：

```
def age_in_seconds(age_in_years):
    return age_in_years * 365 * 24 * 60 * 60
```

当你调用这个函数时，这个返回值可以用来给另一个变量赋值，或者打印出它自己的值：

```
>>> seconds = age_in_seconds(9)
>>> print(seconds)
283824000
>>> print(age_in_seconds(12))
378432000
```

A.29 try

关键字 try 用于开始一个语句块，这个语句块以 except 和 finally 关键字结束。同时，这些 try/except/finally 中的语句块一起用来处理程序中的错误，比方说确保程序会给用户显示一条有用的消息，而不是给出一条不友好的 Python 错误信息。这些关键字在本书中没有用到。

A.30 while

关键字 while 和 for 有点像，不同之处在于 for 循环在一个范围里循环，而 while 循环在表达式为真时一直运行。要小心 while 循环，因为如果其中的表达式一直为真的话，这个循环就永远不会结束（这叫"死循环"或者"无限循环"）。下面是一个例子：

```
>>> x = 1
>>> while x == 1:
        print('hello')
```

如果你运行这段代码，它会一直循环下去，直到你关闭 Python Shell 程序或按 Ctrl+C 组合键来中断它。下面的代码会打印 9 次 hello（每次给变量 x 加 1，直到 x 不再小于 10 为止）。

```
>>> x = 1
>>> while x < 10:
        print('hello')
        x = x + 1
```

A.31 with

关键字 with 的用法和 try、finally 关键字相似，创建一个和对象相关的语句块，然后管理这个对象的资源。这个关键字在高级编程中使用。

A.32 yield

关键字 yield 和 return 近似，不同之处在于它用于一类叫作"生成器"（generator）的特殊对象。生成器在需要的时候创建值，这样的话，range 函数的行为就像一个生成器。

附录 B
Python 的内建函数

Python 提供了一大堆编程工具，包括很多可以直接使用的函数和模块。这些内建的工具会让你写起程序来轻松很多。

我们在第 7 章中学过，模块要先引用然后才能使用。Python 的内建函数却不需要先引用。只要 Python Shell 程序一启动，它们就可以用了。在本附录中，我们会看到一些更有用的内建函数，然后我们详细介绍其中的一个：open 函数。可以用它来打开文件进行读写。

B.1 使用内建函数

我们会学习 Python 程序员常用的内建函数。我会描述它们是做什么的以及如何使用它们。然后给出一些例子，介绍它们是如何帮助你写程序的。

B.2 abs 函数

abs 函数返回一个数字的"绝对值"，也就是去掉数字的正负号后的值。例如，10 的绝对值是 10，−10 的绝对值也是 10。

abs 函数的用法很简单，把数字或变量当成参数就可以了：

```
>>> print(abs(10))
10
>>> print(abs(-10))
10
```

你可以用 abs 函数来计算一个游戏中的角色移动的绝对距离，不论它向哪个方向移动。例如，这个角色向左移动 3 步（负 3 或 −3），然后向右移动 10 步（正 10）。

如果我们不关心方向（正还是负），这两个数的绝对值就是 3 和 10。你可以在大富翁游戏里使用它，抛出两个骰子然后让角色向任意方向走骰子打出的那么多步。现在，如果我们把步数放到变量里，我们可以用下面的代码来判断角色是否移动。当玩家想要移动时我们可以显示一些信息。在这里，根据数字，我们将显示 Character is moving far（角色走得很远）或 Character is moving（角色在移动）：

```
>>> steps = -3
>>> if abs(steps) > 5:
        print('Character is moving far')
    elif abs(steps) != 0:
        print('Character is moving')
```

如果我们没用 abs 函数，if 语句就不得不写成这样：

```
>>> steps = 10
>>> if steps < -5 or steps > 5:
        print('Character is moving far')
    elif steps != 0:
        print('Character is moving')
```

看到了吧，使用 abs 函数可以让 if 语句短一些，并且更容易理解。

B.3 all 函数

如果列表（或任何其他类型的集合）中的所有项的计算结果为 True，则 all 函数返回 True。更直接一些，就是说列表中项目的所有的值都不是 0、None、空字符串（""）或布尔值 False。因此，如果列表中的所有项都是非零数，则 all 函数将返回 True：

```
>>> mylist = [1,2,5,6]
>>> all(mylist)
True
```

但是，如果有值为零，则 all 返回 False：

```
>>> mylist = [1, 2, 3, 0]
>>> all(mylist)
False
```

不仅仅是数字，如果是一个包含 None 的混合值列表，all 也会返回 False：

```
>>> mylist = [100, 'a', None, 'b', True, 'zzz', ' ']
>>> all(mylist)
False
```

如果删除了 None 值，我们再试一下相同的示例：

```
>>> mylist = [100, 'a', 'b', True, 'zzz', ' ']
>>> all(mylist)
True
```

B.4 any 函数

any 函数类似于 all，不同之处在于 any 函数如果有任何值为 True，则返回 True。让我们试一下使用数字列表的相同示例：

```
>>> mylist = [1, 2, 5, 6]
>>> any(mylist)
True
```

如果是由零、None、空字符串和 False 等值组成的混合列表，any 的返回值也是 False：

```
>>> mylist = [0, False, None, "", 0, False, '']
>>> any(mylist)
False
```

但是，如果我们对这个列表做一些小的改变，例如添加一个像 100 这样的非零数，any 函数就会得到 True：

```
>>> mylist = [0, False, None, "", 0, False, '', 100]
>>> any(mylist)
True
```

B.5　bin 函数

bin 函数将数字转换为它的二进制表示形式。二进制超出了本书的范围，但简而言之，它是一个由 1 和 0 组成的数字系统，是计算机中几乎所有东西的基础。我们来看一些简单的例子，将一些数字转换为二进制：

```
>>> bin(100)
'0b1100100'
>>> bin(5)
'0b101'
```

B.6　bool 函数

bool 是 Boolean（布尔类型）的简写，程序员们用它来表示两种可能的值中的一种，通常是真（true）或者假（false）。

bool 函数只有一个参数，并根据这个参数的值返回真或者假。当对数字使用 bool 函数时，返回假（False），任何其他值都返回真（True）。下面是对不同的数字使用 bool 的结果：

```
>>> print(bool(0))
False
>>> print(bool(1))
True
>>> print(bool(1123.23))
True
>>> print(bool(-500))
True
```

当对其他类型的值使用 bool 时，比如字符串，对于没有值的字符串（也就是 None 或者空字符串）返回 False，否则返回 True，如下所示：

```
>>> print(bool(None))
False
>>> print(bool('a'))
True
>>> print(bool(' b '))
True
>>> print(bool('What do you call a pig doing karate? Pork Chop!'))
True
```

bool 函数对于空的列表、空的元组和空的字典返回 False，否则就则返回 True：

```
>>> my_silly_list = []
>>> print(bool(my_silly_list))
False
>>> my_silly_list = ['s', 'i', 'l', 'l', 'y']
>>> print(bool(my_silly_list))
True
```

你可以用 bool 函数来判断一个值是否已经被设置。例如，如果让用户用我们的程序输入他的出生年份，程序中的 if 语句可以用 bool 来验证输入的值：

```
>>> year = input('Year of birth: ')
Year of birth:
>>> if not bool(year):
        print('You need to enter a value for your year of birth')

You need to enter a value for your year of birth
```

这个例子的第一行使用 input 来把别人在键盘上的输入保存到变量 year 中。在下一行中直接按回车键（不要输入任何其他东西），这样会把回车键的值保存到变量中。（在第 7 章我们使用了 sys.stdin.readline()，两种方式的效果一样。）

在接下来的一行，if 语句把变量的值当作布尔值来检查。因为在例子里用户没有任何输入，所以 bool 函数返回 False。因为 if 语句使用了 not 关键字，意思就是"如果函数没返回 True 的话才做这件事情"，所以代码会在下一行打印出：You need to enter a value for your year of birth（你必须输入你的出生年份）。

B.7　callable 函数

callable 函数只是判断某些内容是否为函数（换句话讲，这些内容是否可以调用）。下面的代码返回 False：

```
>>> callable('peas')
False
```

这是因为字符串 peas 不是一个函数。但是下面代码返回 True：

```
>>> callable(bin)
True
```

因为 bin 是一个函数，下面代码也返回 True：

```
>>> class People:
        def run(self):
            print('running')

>>> callable(People.run)
True
```

People 类只有一个函数 run。如果我们判断这个函数是否可调用（它是可以调用的），我们将得到 True。如果我们创建这个类的对象，然后判断对象函数（p.run）是否可调用，我们将再次得到 True：

```
>>> p = People()
>>> callable(p.run)
True
```

B.8　chr 函数

你在 Python 中键入的每个字符都有一个基本的数字代码来标识它。例如，字符 a 的数值为 97。大写字母 A 的数值为 65。chr 函数接收一个数字作为参数并返回字符。我们可以试一下值 97 和 65：

```
>>> chr(97)
'a'
>>> chr(65)
'A'
```

我们可以试更多的随机数，例如 22269，这是一个中文字符：

```
>>> chr(22269)
'国'
```

或者 949，这是一个希腊语字符：

```
>>> chr(949)
'ε'
```

或者 8595，这根本不是一个字符，而是向下的箭头：

```
>>> chr(8595)
'↓'
```

B.9   dir 函数

dir 函数（dir 是 directory，"目录"的简写）可以返回关于任何值的相关信息。基本上，它就是按着字母顺序告诉你对于那个值可以使用的函数都有什么。

例如，要显示对一个列表值可用的函数，可以这样输入：

```
>>> dir(['a', 'short', 'list'])
['__add__', '__class__', '__contains__', '__delattr__',
'__delitem__', '__doc__', '__eq__', '__format__', '__ge__',
'__getattribute__', '__getitem__', '__gt__', '__hash__', '__iadd__',
'__imul__', '__init__', '__iter__', '__le__', '__len__', '__lt__',
'__mul__', '__ne__', '__new__', '__reduce__', '__reduce_ex__',
'__repr__', '__reversed__', '__rmul__', '__setattr__', '__setitem__',
'__sizeof__', '__str__', '__subclasshook__', 'append', 'count',
'extend', 'index', 'insert', 'pop', 'remove', 'reverse', 'sort']
```

dir 函数基本上可用于任何东西，包括字符串、数字、函数、模块、对象，还有类。但有时它返回的值可能没什么用处。比方说，如果你对数字 1 调用 dir，它会显示几个 Python 自己使用的特殊函数（前后都有两个下划线的），这并没什么用处（通常你不用关心它们中的绝大多数）。

```
>>> dir(1)
['__abs__', '__add__', '__and__', '__bool__', '__ceil__', '__class__',
'__delattr__', '__dir__', '__divmod__', '__doc__', '__eq__', '__float__',
'__floor__', '__floordiv__', '__format__', '__ge__', '__getattribute__',
'__getnewargs__', '__gt__', '__hash__', '__index__', '__init__',
'__init_subclass__', '__int__', '__invert__', '__le__', '__lshift__',
'__lt__', '__mod__', '__mul__', '__ne__', '__neg__', '__new__', '__or__',
'__pos__', '__pow__', '__radd__', '__rand__', '__rdivmod__', '__reduce__',
'__reduce_ex__', '__repr__', '__rfloordiv__', '__rlshift__', '__rmod__',
```

```
'__rmul__', '__ror__', '__round__', '__rpow__', '__rrshift__', '__rshift__',
'__rsub__', '__rtruediv__', '__rxor__', '__setattr__', '__sizeof__', '__str__',
'__sub__', '__subclasshook__', '__truediv__', '__trunc__', '__xor__',
'as_integer_ratio', 'bit_count', 'bit_length',
'conjugate', 'denominator', 'from_bytes', 'imag', 'numerator',
'real', 'to_bytes']
```

当你想要快速找出在一个变量上可以做些什么的时候，dir 函数很有用。例如，对一个包含字符串值的名为 popcorn 的变量调用 dir，你会得到一系列 str 类所提供的函数（所有的字符串都属于 str 类）：

```
>>> popcorn = 'I love popcorn!'
>>> dir(popcorn)
['__add__', '__class__', '__contains__', '__delattr__', '__dir__', '__doc__',
'__eq__', '__format__', '__ge__', '__getattribute__', '__getitem__',
'__getnewargs__', '__gt__', '__hash__', '__init__', '__init_subclass__',
'__iter__', '__le__', '__len__', '__lt__', '__mod__', '__mul__', '__ne__',
'__new__', '__reduce__', '__reduce_ex__', '__repr__', '__rmod__',
'__rmul__', '__setattr__', '__sizeof__', '__str__',
'__subclasshook__', 'capitalize', 'casefold', 'center', 'count', 'encode',
'endswith', 'expandtabs', 'find', 'format', 'format_map', 'index',
'isalnum', 'isalpha', 'isascii', 'isdecimal', 'isdigit', 'isidentifier',
'islower', 'isnumeric', 'isprintable', 'isspace', 'istitle', 'isupper',
'join', 'ljust', 'lower', 'lstrip', 'maketrans', 'partition',
'removeprefix', 'removesuffix', 'replace', 'rfind', 'rindex', 'rjust',
'rpartition', 'rsplit', 'rstrip', 'split', 'splitlines', 'startswith',
'strip', 'swapcase', 'title', 'translate', 'upper', 'zfill']
```

然后你可以用 help 得到列表中某个函数的简短描述。下面的例子是对 upper 函数调用 help 的结果：

```
>>> help(popcorn.upper)
Help on built-in function upper:

upper() method of builtins.str instance
    Return a copy of the string converted to uppercase.
```

返回的信息可能没有那么容易看懂，让我们仔细地来看看。第一行告诉你 upper 是 string 类内建函数的一个实例。第二行确切地告诉你它实际做了什么（返回转换为大写字母的字符串的副本）。

B.10 divmod 函数

divmod 函数接收两个参数（两个参数分别表示被除数和除数），然后返回两个数相除的结果，以及两个数执行模运算的结果。除法是计算一个数字可以被分成第 2 个数字多少份的数学运算。例如，我们可以将一组 6 个球分成几组两个球？

答案是"可以分为 3 组两个球"。

模运算和除法运算几乎是一样的，只是模运算返回执行除法后剩余的数。所以上面 6 个球除以 2 的模运算的结果是零（因为没有剩余的球）。如果我们再加上一个球呢？如果我们把 7 个球两两分组，除法的结果仍然是 3，但是会剩下一个球。

divmod 函数会返回包含除法结果和模运算结果的两个数字的一个元组。我们先试一下 6 和 2：

```
>>> divmod(6, 2)
(3, 0)
```

然后再试一下 7 和 2：

```
>>> divmod(7, 2)
(3, 1)
```

B.11 eval 函数

eval 函数（是 evaluate，"估值"的简写）把一个字符串作为参数并返回它作为 Python 表达式的结果。例如 eval('print("wow")') 实际上会执行语句 print("wow")。

eval 函数只能用于简单的表达式，比如：

```
>>> eval('10*5')
50
```

拆分成多行的表达式（如 if 语句）一般不能运算，比如：

```
>>> eval('''if True:
        print("this won't work at all")''')

Traceback (most recent call last):
  File "<pyshell#2>", line 1, in <module>
    eval('''if True:
  File "<string>", line 1
    if True:
    ^^
SyntaxError: invalid syntax
```

eval 函数常用于把用户输入转换成 Python 表达式。例如，你可以写一个简单的计算器程序，它读取输入到 Python 中的算式，然后计算出答案。

由于用户的输入被当成字符串读取，Python 如果要进行计算的话需要把它转成数字和运算符。eval 函数使得这种转换很简单：

```
>>> your_calculation = input('Enter a calculation: ')

Enter a calculation: 12*52
>>> eval(your_calculation)
624
```

在这个例子里，我们使用 input 来把用户输入的内容读到变量 your_calculation 里。在下一行中，我们输入表达式 12*52（这可能是你的年龄乘以每年的周数）。我们使用 eval 来运行这个计算，最后一行是结果。

B.12 exec 函数

exec 函数和 eval 差不多，但它可以运行更复杂的程序。两者的不同在于 eval 返回一个值（你可以把它保存在变量中），而 exec 则不会。示例如下：

```
>>> my_small_program = '''print('ham')
print('sandwich')'''
>>> exec(my_small_program)
ham
sandwich
```

在前面两行代码中，我们创建了一个有多行字符串的变量，其中有两个 print 语句，然后用 exec 来运行这个字符串。

你可以用 exec 来运行 Python 程序从文件中读入的小程序，也就是程序中又包含了程序！这在写很长、很复杂的程序时可能很有用。例如，你可以写一个机器人对决游戏，其中两个机器人在屏幕上移动并试图向对方进攻。游戏玩家要提供写成 **Python** 小程序形式的对机器人的指令。机器人对战游戏会读入这些脚本并用 exec 来运行。

B.13　float 函数

float 函数把字符串或者数字转换成"浮点数"，也就是一个带有小数点的数字（也叫"实数"）。例如，数字 10 是一个整数，但是 10.0、10.1，以及 10.253 都是浮点数（英语叫 float）。如果你正在编写一个计算货币金额的简单程序，那么可能会用到浮点数。在图形程序（如 3D 游戏）中，也可以使用浮点来计算如何在屏幕上绘制对象以及在何处绘制。你可以用 float 很容易地把一个字符串转换成浮点数，像这样：

```
>>> float('12')
12.0
```

你也可以使用带小数点的字符串：

```
>>> float('123.456789')
123.456789
```

你可以用 float 来把程序中的输入转换成恰当的数字，尤其是在你需要把某人的输入与其他值做比较的时候这很有用。例如，要判断一个人的年龄是否大于一个数字，我们可以这样做：

```
>>> your_age = input('Enter your age: ')

Enter your age: 20
>>> age = float(your_age)
>>> if age > 13:
        print(f'You are {age - 13} years too old')

You are 7.0 years too old
```

B.14　input 函数

input 函数用于你的程序的用户输入的文本，这些文本包括按下回车键之前输入的所有内容。结果以字符串形式返回供你使用。你也可以输入一些消息内容以提示程序用户，示例如下：

```
>>> s = input('Tell me a play on words:\n')
Tell me a play on words:
```

```
A hedgehog went to see a play about a plucky young girl, but left
dis-a-pointed
>>> print(s)
A hedgehog went to see a play about a plucky young girl, but left
dis-a-pointed
```

或者不显示消息：

```
>>> s = input()
A hedgehog went to see a play about a plucky young girl, but left
dis-a-pointed
```

在这两种情况下，input 函数的结果都是相同的：一个包含文本的字符串。有关使用返回值的更多示例，请参阅上一节关于 float 函数的内容。

B.15　int 函数

int 函数把字符串或者数字转换成整数，这样会把小数点后面的内容丢掉。例如，下面是如何把一个浮点数转换成整数的例子：

```
>>> int(123.456)
123
```

下面的例子把字符串转换成整数：

```
>>> int('123')
123
```

但是如果你要把一个包含有浮点数的字符串转成整数，那你就会得到一个错误信息。例如，我们试着用 int 函数把一个包含浮点数的字符串进行转换：

```
>>> int('123.456')
Traceback (most recent call last):
  File "<pyshell>", line 1, in <module>
    int('123.456')
ValueError: invalid literal for int() with base 10: '123.456'
```

你会看到，结果得到了一个 ValueError 消息。

B.16　len 函数

len 函数返回一个对象的长度，对于字符串则返回字符串中字符的个数。例如，要得到字符串 this is a test string 的长度，你可以这样做：

```
>>> len('this is a test string')
21
```

当用在列表或元组时，len 函数返回列表或元组中的元素的个数：

```
>>> creature_list = ['unicorn', 'cyclops', 'fairy', 'elf', 'dragon',
                     'troll']
>>> print(len(creature_list))
6
```

当用在字典时，len 函数返回字典中元素的个数：

```
>>> enemies = {'Batman' : 'Joker',
              'Superman' : 'Lex Luthor',
              'Spiderman' : 'Green Goblin'}
>>> print(len(enemies))
3
```

在循环中 len 函数尤其有用。例如，我们可以用下面的代码来显示列表中元素的索引位置：

```
>>> fruit = ['apple', 'banana', 'clementine', 'dragon fruit']
>>> length = len(fruit)
>>> for x in range(0, length):
        print(f'the fruit at index {x} is {fruit[x]}')

the fruit at index 0 is apple
the fruit at index 1 is banana
the fruit at index 2 is clementine
the fruit at index 3 is dragon fruit
```

这里，我们把列表的长度保存在变量 length 中，然后把这个变量放到 range 函数中来创建循环。在循环的过程中把列表中每个元素的索引位置和值打印出来。如果你有一个字符串列表，并且想每隔两个或者三个元素打印出一个的话也可以利用 len 函数。

B.17 list 函数

如果在不使用任何参数的情况下调用 list 函数，将得到一个空的 list 对象。在这一点上，使用 list() 和方括号没有区别。我们可以通过测试两个列表是否相等 (==) 来检查是否确实是这样：

```
>>> l1 = list()
>>> l2 = []
```

```
>>> l1 == l2
True
```

虽然这看起来可能不是特别有用，但 list 函数也可以用于将某些类型的 Python 对象（称为可迭代对象）转换为一个列表。最简单的例子是将 list 函数用于 range 函数（该函数在本附录的后面介绍）：

```
>>> list(range(0, 10))
[0, 1, 2, 3, 4, 5, 6, 7, 8, 9]
```

B.18 max 和 min 函数

max 函数返回列表、元组或字符串中最大的元素。例如，下面是对数字列表使用 max 函数的示例：

```
>>> numbers = [5, 4, 10, 30, 22]
>>> print(max(numbers))
30
```

作用于由逗号或空格分隔的字符串也有同样的效果：

```
>>> strings = 'stringSTRING'
>>> print(max(strings))
t
>>> strings = ['s', 't', 'r', 'i', 'n', 'g', 'S', 'T', 'R', 'I', 'N', 'G']
>>> print(max(strings))
t
```

字母是按照字母表顺序排列的，并且小写字母排在大写字母的后面，所以 t 比 T 大。但是你不一定非要用列表、元组或者字符串，你也可以直接调用 max 函数，把你要比较的元素作为参数写在括号中：

```
>>> print(max(10, 300, 450, 50, 90))
450
```

min 函数与 max 一样，只是它返回列表、元组或字符串中的最小元素。下面是对于同样的数字列表执行 min 函数而不是 max 函数的结果：

```
>>> numbers = [5, 4, 10, 30, 22]
>>> print(min(numbers))
4
```

假设你在与 4 个玩家一起玩 4 人猜数字游戏，他们每个人要猜一个比你的数字小的数字。如果任何一个玩家猜的数字比你的大，那么所有的玩家就都输了，但是如果他们猜的都比你的小，那么他们赢。我们可以用 max 来快速地找出是不是所有的猜想都比你的小：

```
>>> guess_this_number = 61
>>> player_guesses = [12, 15, 70, 45]
>>> if max(player_guesses) > guess_this_number:
        print('Boom! You all lose')
    else:
        print('You win')

Boom! You all lose
```

在这个例子里，我们把要猜的数字放在变量 guess_this_number 中。玩家们的猜想放到列表 player_guesses 中。if 语句把最大的猜想与 guess_this_number 做比较，如果有玩家猜的数字比这个数字大，那么打印 Boom! You all lose（砰！你输了）。

B.19　ord 函数

ord 函数的功能基本上与 chr 函数相反：chr 函数将数字转换为字符，而 ord 函数则是告诉我们一个字符的数字代码是多少。下面是一些例子：

```
>>> ord('a')
97
>>> ord('A')
65
>>> ord('国')
22269
```

B.20　pow 函数

pow 函数接收两个数字作为参数，并且计算其中一个数字（我们称其为 x）与另一个数字（我们称其为 y）的幂的值。从本质上讲，pow 就是将 x 相乘 y 次。例如，2 的 3 次方（数学术语：这是 2^3）将是 2*2*2（或在数学符号中，$2 \times 2 \times 2$），也就是 8（2×2 是 4，4×2 是 8）。另一个例子：3 的 3(3^3) 次方是 27。让我们看一下在代码中是什么样：

```
>>> pow(2, 3)
8
>>> pow(3, 3)
27
```

B.21 range 函数

range 函数主要应用在 for 循环中，用来让一段
代码循环执行指定数字的次数。range 函数的前两个参
数分别叫作开始参数和结束参数。在前面介绍 len 函数
时所用的循环中你已经见到 range 如何使用这两个参
数了。

range 所生成的数字从给定的第 1 个参数开始，到比第 2 个参数小 1 的数字
结束。例如，下面的例子中打印出 0 和 5 之间的数字：

```
>>> for x in range(0, 5):
        print(x)

0
1
2
3
4
```

range 函数实际上返回了一个叫作"迭代器"的特殊对象，它能重复一个动
作很多次。在这个例子中，它每被调用一次就返回下一个数字。

你可以把迭代器转换成列表（使用 list 函数）。然后如果你打印调用 range
的返回值，你会看到它所包含的数字：

```
>>> print(list(range(0, 5)))
[0, 1, 2, 3, 4]
```

range 函数还可以有第 3 个参数，叫作"步长"。如果没有指定步长，那么默认
的步长就是 1。但是当我们传入 2 作为步长时会发生什么呢？下面是它的结果：

```
>>> count_by_twos = list(range(0, 30, 2))
>>> print(count_by_twos)
[0, 2, 4, 6, 8, 10, 12, 14, 16, 18, 20, 22, 24, 26, 28]
```

每个数字都比前一个数字大 2，并且列表结束于数字 28，它比 30 小 2。你还

可以使用负的步长：

```
>>> count_down_by_twos = list(range(40, 10, -2))
>>> print(count_down_by_twos)
[40, 38, 36, 34, 32, 30, 28, 26, 24, 22, 20, 18, 16, 14, 12]
```

B.22　sum 函数

sum 函数把列表中的元素加在一起并返回这个总和。下面是一个例子：

```
>>> my_list_of_numbers = list(range(0, 500, 50))
>>> print(my_list_of_numbers)
[0, 50, 100, 150, 200, 250, 300, 350, 400, 450]
>>> print(sum(my_list_of_numbers))
2250
```

在第一行代码中，我们创建了一个从 0 到 500 的数字列表，使用 50 作为 range 的步长。接下来，我们把列表打印出来看看结果。最后，把变量 my_list_of_numbers 传给 sum 函数，通过 print(sum(my_list_of_numbers)) 来把列表中所有的元素加在一起，得到的结果是 2 250。

B.23　在 Python 中打开文件

Python 的内建函数 open 可以打开一个文件，所以我们可以用它来做一些事情（例如，显示文件的内容）。如何告诉这个函数你要打开哪个文件，具体要看你用的是什么操作系统。我们先来看一个 Windows 文件，然后如果用 macOS 或 Ubuntu 系统的话，可以分别参考一下下面读取文件的例子。首先，在你的主文件夹中创建一个名为 Test.txt 的纯文本文件。如果用 Windows 系统，可以使用记事本软件；如果使用 Ubuntu Linux 或者树莓派，可以使用 TextEditor 软件；如果使用 macOS，可以使用 TextEdit 软件（但是在 TextEdit 中，你需要选择 Format → Make Plain）。你可以在文件里放任何你喜欢的东西。

B.23.1　在 Windows 中打开文件

如果你用 Windows，用下面的代码打开 test.txt：

```
>>> test_file = open('c:\\Users\\<your username>\\test.txt')
>>> text = test_file.read()
>>> print(text)
There once was a boy named Marcelo
```

```
Who dreamed he ate a marshmallow
He awoke with a start
As his bed fell apart
And he found he was a much rounder fellow
```

在第一行代码中，我们使用了 open，它会返回一个文件对象，这个对象拥有操作文件的函数。open 函数的参数是一个字符串，告诉 Python 到哪里找到这个文件。如果你用 Windows，并且把 test.txt 保存在本地硬盘 C 盘的 user 文件夹中，那么文件的位置就是 c:\Users\<your username>\test.txt.（不要忘记把 <your username> 替换为实际的用户名）。

Windows 文件名中的两个反斜杠告诉 Python 这就是一个反斜杠，而不是某种命令。（在第 3 章已经学过，反斜杠自身在 Python 中是有特殊作用的，尤其是在字符串中。）我们把文件对象保存到变量 test_file 中。

在第二行代码中，我们使用文件对象提供的 read 函数来读取文件的内容，并把它保存到变量 text 中。在最后一行代码中，我们把变量的内容打印出来以显示文件的内容。

B.23.2　在 macOS 中打开文件

如果你用的是 macOS，相对于 Windows 打开 test.txt 的例子，在第一行代码中你需要输入一个不同的位置。这要用到你保存这个文本文件时所用的用户名。例如，如果用户名是 sarahwinters，那么 open 的参数可能是：

```
>>> test_file = open('/Users/sarahwinters/test.txt')
```

B.23.3　在 Ubuntu 中或树莓派打开文件

如果你使用的是 Ubuntu Linux 或树莓派，相较于 Windows 打开 test.txt 的例子，在第一行代码中你需要输入一个不同的位置。这要用到你保存这个文本文件时所用的用户名。例如，如果用户名是 jacob，那么 open 的参数可能是：

```
>>> test_file = open('/home/jacob/test.txt')
```

B.24　写入文件

open 所返回的文件对象不只有 read 这一个函数。我们可以创建一个新的空文件，此时要用到第二个参数——w（这个参数告诉 Python，我们想要向文件中写入，而不是从文件中读取）：

```
>>> test_file = open('c:\\Users\\rachel\\myfile.txt', 'w')
```

现在我们可以用 write 函数向新文件增加信息了：

```
>>> test_file = open('c:\\Users\\rachel\\myfile.txt', 'w')
>>> test_file.write('What is green and loud? A froghorn!')
20
```

最后，我们需要用 close 函数告诉 Python，我们对这个文件的写入完成了：

```
>>> test_file = open('c:\\Users\\rachel\\myfile.txt', 'w')
>>> test_file.write('What is green and loud? A froghorn!')
>>> test_file.close()
```

现在，如果你用文本编辑器打开文件，你应该看到它的内容是 What is green and loud? A froghorn!，或者你可以用 Python 再次读取它：

```
>>> test_file = open('c:\\Users\\rachel\\myfile.txt')
>>> print(test_file.read())
What is green and loud? A froghorn!
```

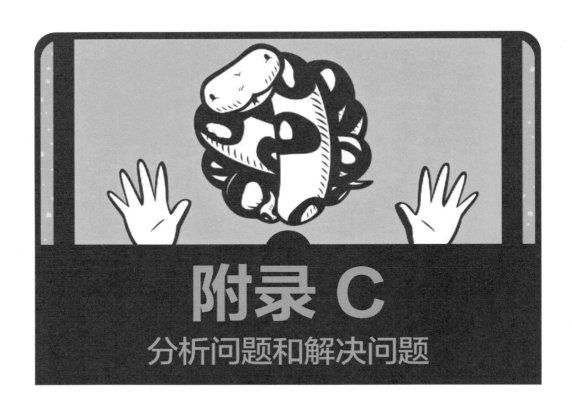

附录 C

分析问题和解决问题

本附录将介绍如何解决 Python 中不常见的一些问题。如果你碰巧运行的是某些操作系统的较早的版本，可能会遇到这些问题。

C.1 在 Ubuntu 系统中导入 turtle 的 "TK" 错误

如果你使用的是 Ubuntu Linux 的较早的版本，并且在导入 turtle 时出现错误，那么你可能需要安装一个名为 tkinter 的软件。为此，请打开 Ubuntu Software Center，并在搜索框中输入 python-tk。窗口中应该会出现 Tkinter-- Writing Tk Applications with Python。单击安装按钮来安装这个程序包。如果你运行的是比较新的 Ubuntu 版本，应该不需要这么做。如果可以的话，最好更新你的 Ubuntu 版本。

C.2 使用 turtle 模块出现的属性错误

一些新的程序员在尝试使用 turtle 时可能会遇到奇怪的属性错误：

```
>>> import turtle
>>> t = turtle.Turtle()
Traceback (most recent call last):
  File "<stdin>", line 1, in <module>
AttributeError: module 'turtle' has no attribute 'Turtle'
```

这个错误最常见的原因是你在 home 文件夹中创建了一个名为 turtle.py 的文件。在这个示例中，当你输入 import turtle 时，将会得到你自己创建的文件，而不是 Python 的 turtle 模块。如果你删除或重命名自己所创建的文件，就会导入正确的模块而不会出错。

C.3 运行 turtle 模块时的错误

如果在使用 turtle 模块时遇到问题，并且 turtle 窗口本身似乎不工作，请尝试使用 Python 控制台而不是 Python Shell，如下所示。

• 在 Windows 操作系统中，请在搜索框中输入 Python，然后在应用程序列表中单击 Python3.1x。你可以用 Windows 命令提示符替代（单击 Windows 图标并在搜索框中输入 cmd）。打开窗口后，你需要输入 python.exe 程序的路径。如果你安装的是 Python3.10，则路径可能是 AppData\Local\Programs\Python\Python310\python.exe。但是，这在很大程度上取决于你安装的是什么版本的 Python，因此不到万不得已，不要使用这种方法（你可以在图 C-1 中看到运行此方法的结果）。

• 在 macOS 中，单击屏幕右上角的 Spotlight 搜索图标（它看起来像是放大镜），然后在输入框中输入 Terminal。然后在终端打开后输入 python3。

• 在 Ubuntu Linux 系统中，从 Show Applications 菜单中打开终端，然后输入 python3.10（请注意，你的版本号可能不同）。

图 C-1　通过 Windows 命令提示符运行 Python 控制台

- 在树莓派中，单击顶部菜单栏上的终端图标，或者单击 Accessories 菜单中的 Terminal 终端，然后输入 /usr/local/opt/python-3.10.0（这只有在你按照第 1 章中的树莓派安装说明安装时，这才有效。请注意，你的版本号可能有所不同）。

Python 控制台类似于 Python Shell（IDLE），但它没有语法突出显示（彩色文本）、轻松保存选项和其他有益的功能。但是，如果你在 Python Shell 中运行 turtle 时遇到问题，使用 Python 控制台可能会有所帮助。

C.4　不带参数的类

一些读者遇到的常见错误是 TypeError，它在本书第 11 章中初次出现。你可能会看到类似于以下内容的错误：

```
b = Ball(canvas, 'red')
Traceback (most recent call last):
  File "/usr/lib/python3.10/idlelib/run.py", line 573, in runcode
    exec(code, self.locals)
  File "<pyshell#4>", line 1, in <module>
TypeError: Ball() takes no arguments
```

这种情况通常是缺少下划线。首先像下面这样定义 Ball 类：

```
class Ball:
    def __init__(self, canvas, color):
        self.canvas = canvas
        self.id = canvas.create_oval(10, 10, 25, 25, fill=color)
        self.canvas.move(self.id, 245, 100)
```

但是，如果你在 __init__ 函数的两侧输入了错误的单下划线（_init_），Python 将不再将其识别为初始化函数。这就是为什么使用任何参数调用 Ball(...) 都会导致错误。Python 认为没有可调用的初始化函数（事实上，它会为你创建一个不带参数的默认初始化函数）。